身近な 雑草の芽生え ハンドブック 1

改訂版

The handbook of weed seedlings 1

浅井元朗　著

文一総合出版

この本の使い方

　身近な場所に生え，おもに種子で繁殖する草本約180種を掲載しました。生える季節によって，夏生と冬生に区分しました。それぞれ科ごとにまとめ，形がよく似た種類を比較しやすい配列としています。8～15ページには，芽生えが見られる時期（夏生・冬生）別に，本葉を1～3枚広げた時期の，実物大の芽生え一覧を示しました。芽生えを調べるには，まずこの一覧で，大きさ，形態などから大まかな見当をつけて，それぞれの種類の解説ページで確認するとよいでしょう。

▲スケールバーの凡例

❶和名，学名，分類体系（科）は原則として『新維管束植物分類表』（米倉 2019）に従いました。

❷**原産地**（原）：江戸時代以降に帰化したという記録が明らかな外来種は原産地を記載しました。

国内分布（内）：日本国内の分布範囲を示します。

幼植物の出芽時期（芽）：主に関東地方で芽生えが見られる季節を記しました。

花期（花）：主に関東地方で開花が見られる時期を記しました。アイコンの色は，花の色を示します。

開花時草高（丈）：開花時期のおおよその高さを示しました。ただし，遅い時期に芽生えた個体がここに挙げた高さより低いサイズで開花したり，肥えた土地で育った個体がこれより大きくなることもあります。茎がつるとなったり，巻きひげなどで他の物に絡みついてよじ登る草種は「つる性」としました。

❸**特徴**：生活型や生える場所などの特徴です。冒頭の記号は生活型を示します。◎→一年草または二年草。●→株の基部や地際の根で越冬または越夏し，そこから翌年も茎葉を出す多年草。▲→地表面をはって広がる茎が越冬または越夏し，新たな茎葉を出す多年草。■→地下に根または茎を伸ばして増殖する多年草。

❹**写真**と❺**解説**：子葉・第1葉を展開した段階から開花まで，数枚の写真を示し，識別点となる特徴を文章で解説しました。写真に付したスケールバーのサイズは，右ページ下部に示しました。

❻**類似種**：和名に＊がある種は続刊『身近な雑草の芽生えハンドブック❷』に類似種が掲載されています。欄外に類似種の❷での掲載ページを示しました。

この本で使用する用語

葉の形

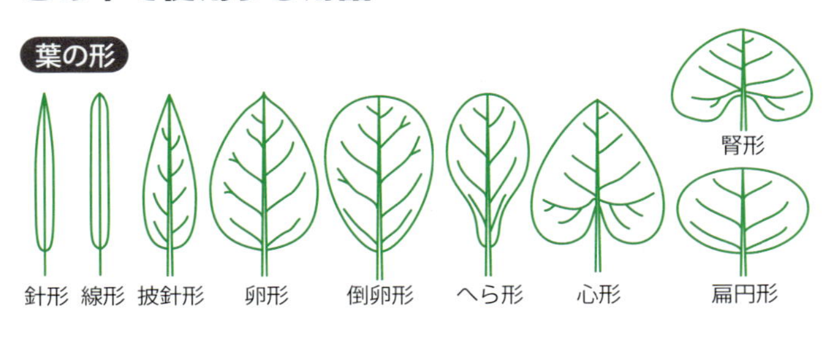

葉のつきかた

葉の先と基部の形

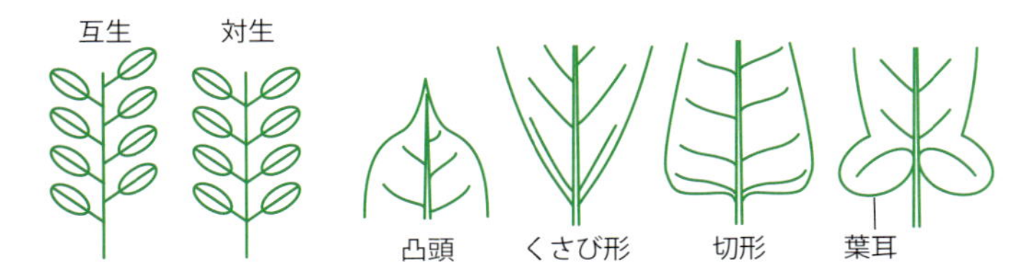

葉の裂け方

葉縁の形

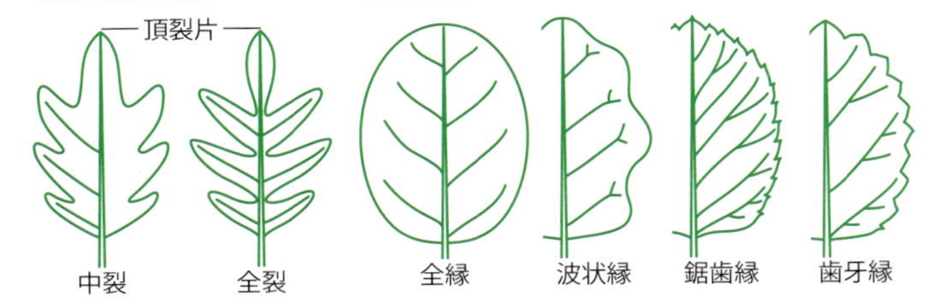

複葉

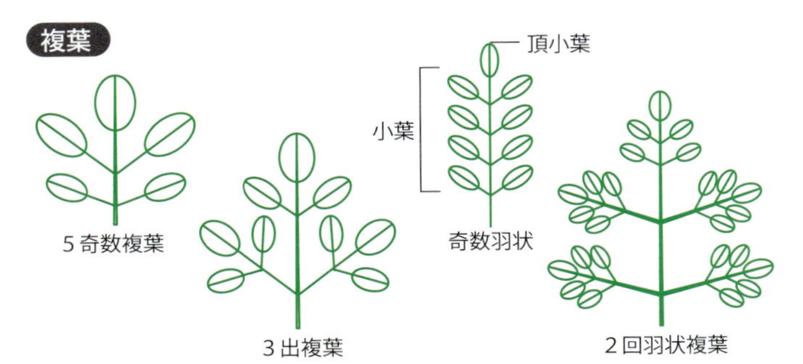

雑草・野草の一生

●夏生一年草と冬生一年草，多年草

身近に生える草の多くは「一年草」です。一年草（一年生草本）とは，植物体全体が発芽してから1年以内で開花・結実し，枯死する植物のことです。四季の明らかな地域では，生育する時期によって夏生一年草と冬生一年草に大別できます。

■一年草の生育時期と地域　　夏生一年草　　冬生一年草

地域＼生育時期（月）	1	2	3	4	5	6	7	8	9	10	11	12
北日本												
関東～中四国												
九州・沖縄												

夏生一年草は春に発芽・出芽し，秋までに開花・結実するものです。

冬生一年草は秋に発芽・出芽して越冬した後，翌年夏までに開花・結実するものです（越年草ともいいます）。一年草の生育時期は地域により変化します。コハコベ（p. 84），ナズナ（p. 88）など，冬生一年草の多くは，越年草と一年草の性質をあわせ持っていて，暖かい地方では冬生でも，寒い地方では夏生となることがあります。また，同じ地域でも，春先に芽生えた冬生一年草が夏までに開花・結実することも普通です。夏生一年草は冬越しできない草，冬生一年草は真夏には生育できない草ととらえるのがその素性を表し，海外では，それぞれwarm season annuals，cool season annualsともいわれています。

種類は少ないですが，二年草（二年生草本）もあります。秋または春に発芽し，1年目の夏にはもっぱら葉や茎，根などの栄養器官を成長させます。そして2年目またはそれ以降に開花・結実し，一回繁殖して枯れてしまいます。本書ではメマツヨイグサ（p. 61），オオアレチノギク（p. 71）などがそれにあたります。

多年草は地表や地下の茎や根などで栄養繁殖（株分かれなどで増えること）を行います。栄養繁殖のための器官には，地表をはう茎，地下部の塊茎，鱗茎，地下茎（根茎），根などがあります。地下部は少なくとも2年以上生存し，成熟後はふつう2回以上，毎年開花・結実する草本です。地上部，地下部の栄養成長を行う時期と開花・結実する時期は種ごとにさまざまです。また，多年草でも，一年草と同じように多くの種子をつける種から種子をほとんどつけない種（本書には掲載していません）まで，種類ごとにふるまいはさまざまです。

●土の中の種子

一年草は，まず土中の種子から発芽・出芽して幼植物となり，生育して開花・結実します（成植物となる）。結実した種子は地表に落ち，地表面や土中の種子集団（シードバンク）に補充されます。毎年繰り返されるこの流れを図に示すと下のようになります。

土中の種子の何割が次の年の芽生えになるかは，種類によって異な

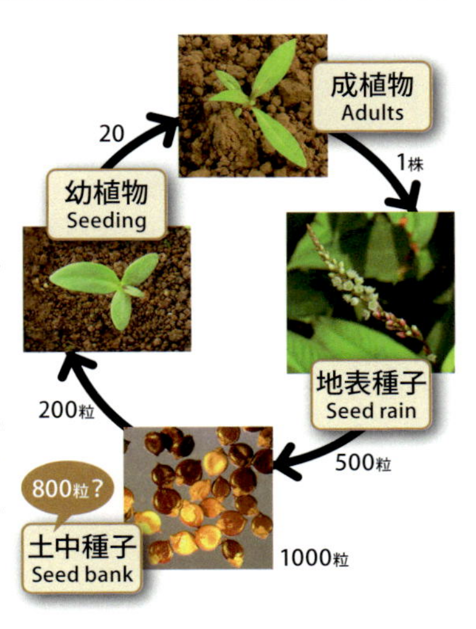

はじめ，土の中に1000粒のタネがあったとします。そのうち，200粒が芽を出します。寒さや暑さ，踏みつけなどで9割が芽生えのうちに死に絶え，さらに花をつけるまでに草むしりされて1株だけ残りました。残った1株が500粒のタネを落としました。さて、この草は増えたのでしょうか？（芽を出さずに土の中に残っていた800粒のうち，500粒以上生き残っていれば増え，それ以下になっていれば減っていることになります）写真はハルタデ（p.28）。

ります。キク科の風散布種子は地表に落ちた後，1年以内にほとんどが発芽します。風任せに大量の種子をばらまいて，裸地に着地できた幸運な種子の稼ぎに期待する，宝くじに委ねた生活ともいえます。また，イネ科の種子も多くは1～2年で発芽や死亡で失われてしまいます。

一方，シロザやタデ類などは毎年少しずつしか発芽しません。家計にたとえれば，使わずに貯蓄しておく割合が高いといえます。そのため，一度でも大量の種子を落とすと，その後，その土地で何年にもわたって芽を出し続けるのです。

●耕地と草刈り地

土地によって生える草の種類が違います。その土地にどんな草が生えるかは，土地の使い方と深い関係があります。

耕地：畑では，栽培する作物が1年以内の短い期間で入れ替わります。新しい作物の栽培をはじめるときには，土を耕して作物の種子をまきます。土が耕されると，地面を覆っていた植物やワラなどが土中に埋め込まれて裸地になります。このように土を耕やしたり，根こそぎ草を抜くなど，その土地の植生を壊すことを攪乱（かくらん）といいます。

攪乱されて裸地となった土地では，表面にあった草の種子が土の中に埋め込まれ，土の中に埋もれていた種子の一部が地面近くに持ち上げられます。裸地には直接日光が注ぐので，地温や乾湿の変動が激しくなります。「雑草」とよばれる草の多くは，地表面に光が当たったり，地温が変化したりするのを感じると，種子が発芽し始めます。また，よその土地から風で飛んできた種子も着地し，芽を出します。

作物の栽培が始まってからは，あまり土を耕しません。そのため耕地では，作物と同じ時期に生育する一年草が生き残ります。ダイズ，トウモロコシなど夏の作物では，同じように春から夏に芽生える夏生一年草が秋までに種子を落とします。秋にタネを播き，翌年に収穫する冬野菜やムギ類などの畑では，冬生一年草が生育します。野菜畑や庭，道ばたのように，1年のうちに何度も草取りや耕起が繰り返される土地では，短い間に一生を終える小型の草しか繁殖できません。

草刈り地：草刈り地では刈り取られた植物残渣（ざんさ）（リター）が地面を覆っています。地表面の土もほとんど動きません。草刈りされると，成長点（細胞分裂を行う部分）が茎の先端など高い位置にある植物の多くは死んでしまいますが，イネ科の草のように，成長点が株元など地表面や地下部にある植物はそこからまた葉や茎を出して再生します。そこで，芝地のような草刈りがなされる土地では，草高の低い，成長点の密な草が生き残ります。また，リターに覆われた地表面は薄暗いため，その下で発芽した芽生えはリター層をすみやかにすり抜けて日光を受ける必要があります。そこではイネ科など，芽生えの葉が細い植物が有利です。

耕地でも草刈り地でも，ほとんどの芽生えは花をつける前に，耕されたり刈られたり，より大きな同種や他の種類の草陰におおわれ，途中で枯れています。わずかに生き残った運のよい個体が次の世代を残しているのです。

■耕地と草刈り地

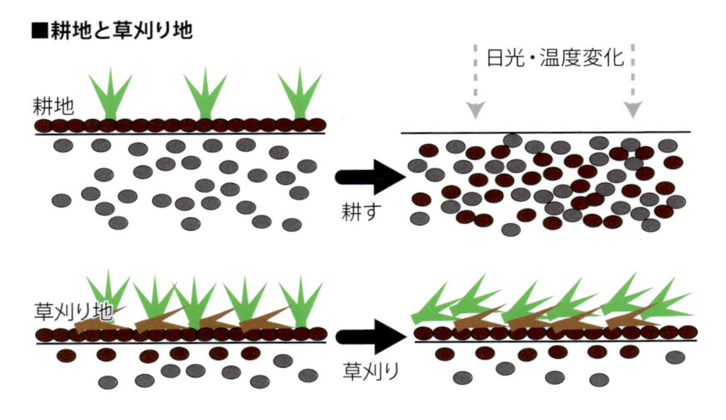

■葉脈が枝分かれする

アメリカセンダングサ
→ p. 16
アメリカタカサブロウ
→ p. 17
トキンソウ
→ p. 17
コセンダングサ
→ p. 16
ハキダメギク
→ p. 18
ベニバナボロギク
→ p. 19
ヒロハホウキギク
→ p. 19
コゴメギク
→ p. 18
メナモミ
→ p. 20
オオオナモミ→ p. 20
オオブタクサ
→ p. 21
シロザ→ p. 22
ブタクサ
→ p. 21
ゴウシュウ
アリタソウ
→ p. 24
シマニシキソウ
→ p. 35
ウラジロアカザ
→ p. 23
コアカザ→ p. 23
アリタソウ→ p. 24
ヒメミカンソウ
→ p. 33
ニシキソウ
→ p. 35
オオニシキソウ
→ p. 34
コミカンソウ
→ p. 33
スベリヒユ
→ p. 39
ミチヤナギ
→ p. 31
コニシキソウ→ p. 34

ホナガイヌビユ
→ p. 25
イガホビユ
→ p. 27
ハリビユ→ p. 27
アオゲイトウ→ p. 26
イヌビユ→ p. 25
ホソアオゲイトウ→ p. 26
クルマバザクロソウ
→ p. 32
ザクロソウ→ p. 32
イヌタデ→ p. 28
ハルタデ→ p. 28
オオイヌタデ
→ p. 29
サナエタデ
→ p. 29
ヤナギタデ
→ p. 30
ソバカズラ
→ p. 31
フタバムグラ→ p. 38
ウリクサ→ p. 38
エノキグサ→ p. 36
キツネノマゴ
→ p. 39
タニソバ
→ p. 30
ヘクソカズラ→ p. 41
アメリカキンゴジカ→ p. 37
クワクサ
→ p. 36
イチビ→ p. 37

カナムグラ
→ p. 41
アレチウリ→ p. 42
センナリホオズキ
→ p. 47
オオイヌホオズキ
→ p. 45
ヒロハフウリン
ホオズキ→ p. 46
オオセンナリ→ p. 47
ヨウシュチョウセン
アサガオ→ p. 48
ホソバフウリンホオズキ
→ p. 46
イヌホオズキ
→ p. 45
ギシギシ→ p. 62
ヨウシュヤマゴボウ→ p. 48
スイバ→ p. 63
コマツヨイグサ→ p. 61
ツルマメ
→ p. 40
エゾノギシギシ
→ p. 62
メマツヨイグサ→ p. 61
カタバミ
→ p. 64
オオチドメ
→ p. 65
オッタチカタバミ
→ p. 64
ヘビイチゴ
→ p. 65
ヤブツルアズキ→ p. 40

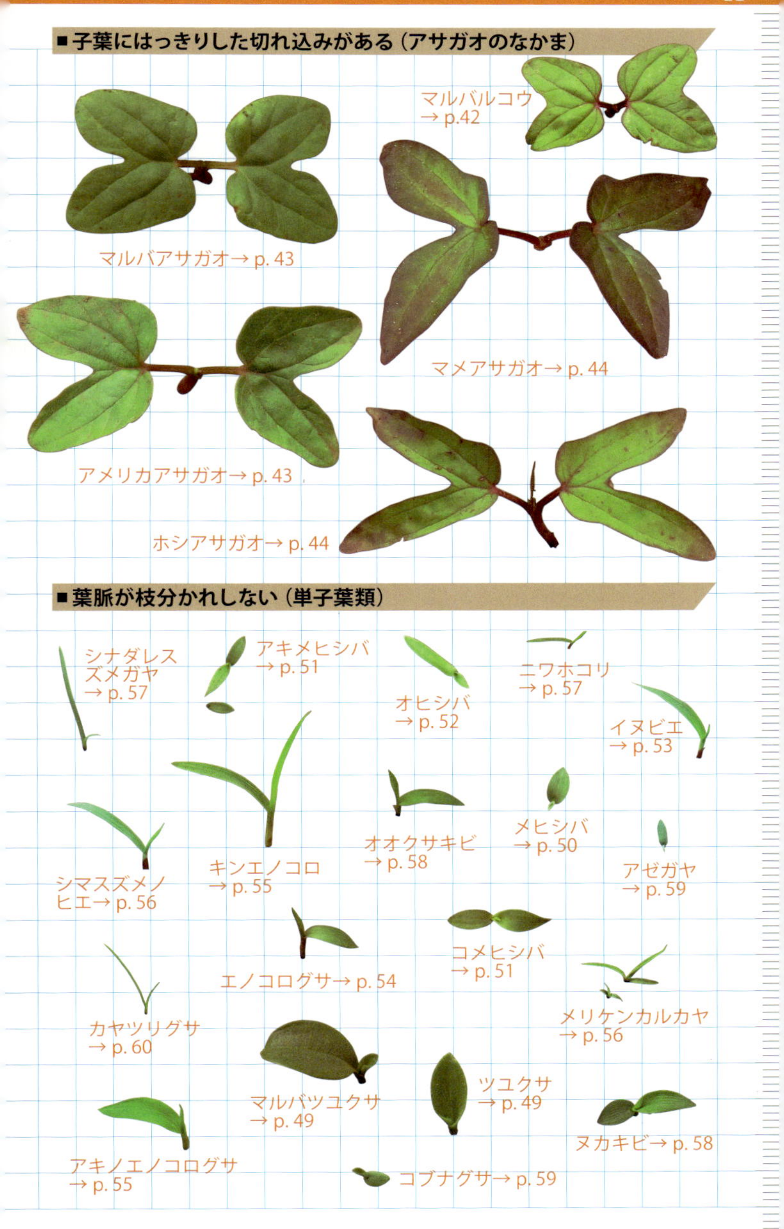
■子葉にはっきりした切れ込みがある（アサガオのなかま）
マルバルコウ
→ p.42
マルバアサガオ→ p. 43
マメアサガオ→ p. 44
アメリカアサガオ→ p. 43
ホシアサガオ→ p. 44
■葉脈が枝分かれしない（単子葉類）
シナダレス
ズメガヤ
→ p. 57
アキメヒシバ
→ p. 51
オヒシバ
→ p. 52
ニワホコリ
→ p. 57
イヌビエ
→ p. 53
シマスズメノ
ヒエ→ p. 56
キンエノコロ
→ p. 55
オオクサキビ
→ p. 58
メヒシバ
→ p. 50
アゼガヤ
→ p. 59
エノコログサ→ p. 54
コメヒシバ
→ p. 51
カヤツリグサ
→ p. 60
メリケンカルカヤ
→ p. 56
マルバツユクサ
→ p. 49
ツユクサ
→ p. 49
ヌカキビ→ p. 58
アキノエノコログサ
→ p. 55
コブナグサ→ p. 59

■葉脈が枝分かれする

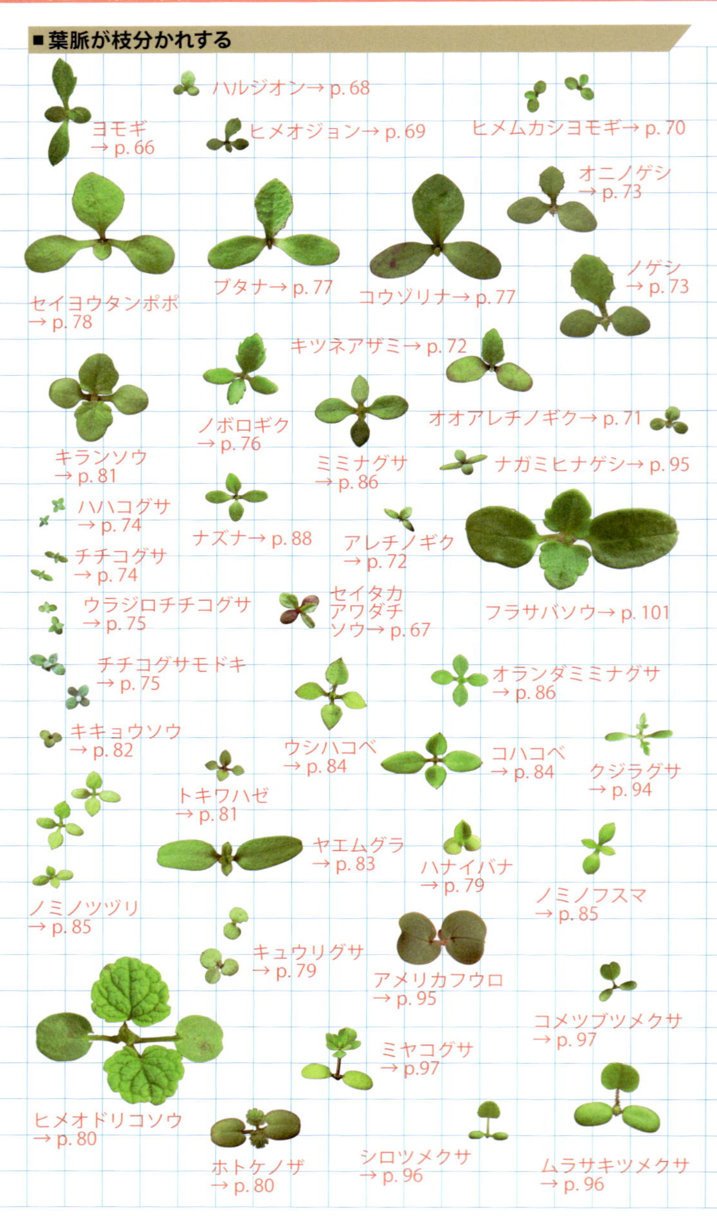
ヨモギ
→ p. 66
ハルジオン→ p. 68
ヒメオジョン→ p. 69
ヒメムカシヨモギ→ p. 70
オニノゲシ
→ p. 73
セイヨウタンポポ
→ p. 78
ブタナ→ p. 77
コウゾリナ→ p. 77
ノゲシ
→ p. 73
キツネアザミ→ p. 72
キランソウ
→ p. 81
ノボロギク
→ p. 76
ミミナグサ
→ p. 86
オオアレチノギク→ p. 71
ナガミヒナゲシ→ p. 95
ハハコグサ
→ p. 74
ナズナ→ p. 88
アレチノギク
→ p. 72
チチコグサ
→ p. 74
ウラジロチチコグサ
→ p. 75
セイタカ
アワダチ
ソウ→ p. 67
フラサバソウ→ p. 101
チチコグサモドキ
→ p. 75
オランダミミナグサ
→ p. 86
キキョウソウ
→ p. 82
ウシハコベ
→ p. 84
コハコベ
→ p. 84
クジラグサ
→ p. 94
トキワハゼ
→ p. 81
ヤエムグラ
→ p. 83
ハナイバナ
→ p. 79
ノミノフスマ
→ p. 85
ノミノツヅリ
→ p. 85
キュウリグサ
→ p. 79
アメリカフウロ
→ p. 95
コメツブツメクサ
→ p. 97
ミヤコグサ
→ p.97
ヒメオドリコソウ
→ p. 80
ホトケノザ
→ p. 80
シロツメクサ
→ p. 96
ムラサキツメクサ
→ p. 96

コナスビ→ p. 82
タチイヌノフグリ
→ p. 100
マツバウンラン
→ p. 102
カラクサナズナ→ p. 91
ヤハズエンドウ
→ p. 98
ノヂシャ→ p. 83
イヌノフグリ
→ p. 101
カスマグサ→ p. 99
スズメノエンドウ
→ p. 99
オオイヌノフグリ
→ p. 100
スカシタゴボウ
→ p. 90
マメグンバイナズナ
→ p. 91
アカオニタビ
ラコ→ p. 76
タネツケバナ→ p. 89
ヤブジラミ→ p. 104
ミチタネツケバナ
→ p. 89
ヒメアマ
ナズナ
→ p. 94
ハルザキヤマガラシ→ p. 93
オヤブジラミ→ p. 104
イヌガラシ
→ p. 90
セイヨウアブラナ→ p. 92
カラシナ→ p. 92
イヌカキネガラシ
→ p. 93
ヤグルマギク→ p. 78
■葉脈の枝分かれがわかりづらい
オオバコ→ p. 103
オオツメクサ
→ p. 87
ツメクサ→ p. 87
ヘラオオバコ→ p. 103

■葉脈が枝分かれしない（単子葉類）

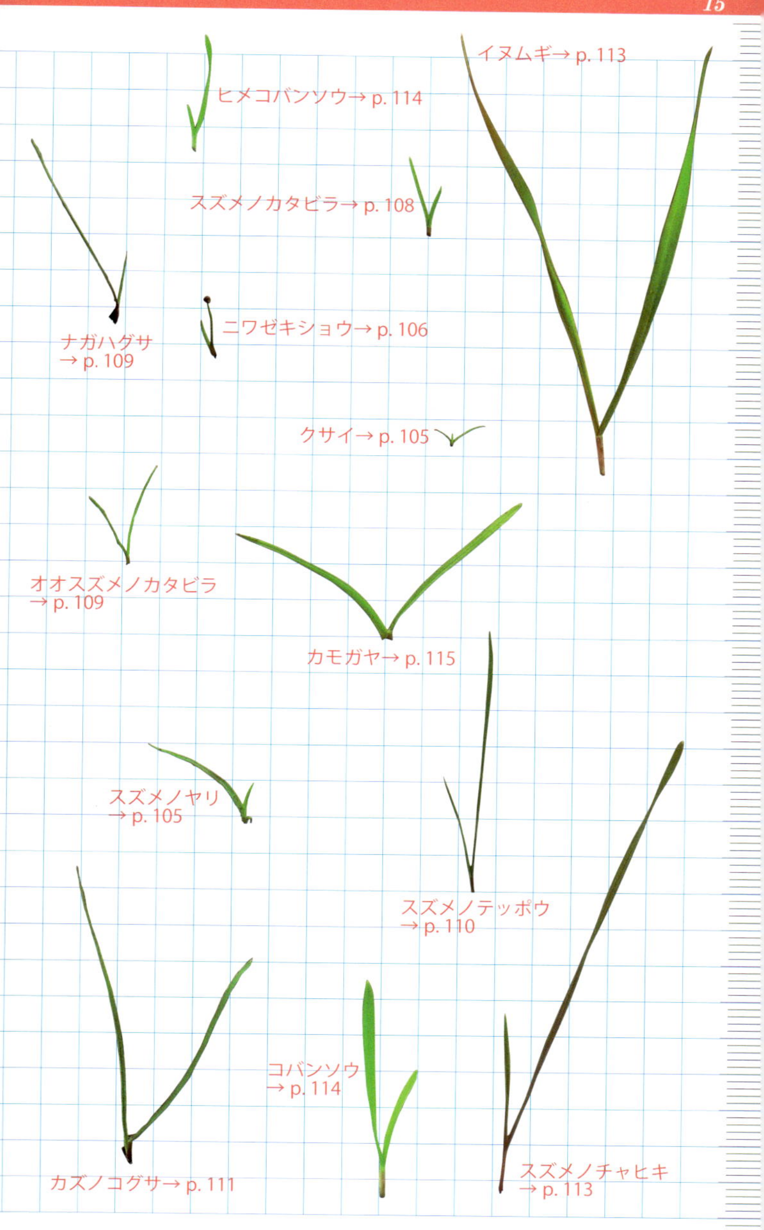
ヒメコバンソウ→ p. 114
イヌムギ→ p. 113
ナガハグサ
→ p. 109
スズメノカタビラ→ p. 108
ニワゼキショウ→ p. 106
クサイ→ p. 105
オオスズメノカタビラ
→ p. 109
カモガヤ→ p. 115
スズメノヤリ
→ p. 105
スズメノテッポウ
→ p. 110
コバンソウ
→ p. 114
カズノコグサ→ p. 111
スズメノチャヒキ
→ p. 113

＊②巻収録の類似種　コバノセンダングサ (p. 28)

アメリカセンダングサ

Bidens frondosa

科キク科　原北アメリカ　内全国　芽4〜7月　花9〜10月　丈100〜150 cm

◎湿った荒れ地や水辺に多く，水田や畑地にも生える。果実は衣服などにつきやすい

①子葉は長いへら型で無毛，葉柄の基部は紅紫色。②第1対生葉は3出複葉，縁に鋸歯があり，小葉の先はとがる。③第2対生葉は5奇数複葉，小葉の縁には粗い鋸歯。④茎は直立，紫褐色をおび角ばり，小葉は狭卵形〜披針形で柄がある。⑤頭花は黄色で多くが筒状花。約10枚の総苞片が目立つ。

コセンダングサ＊

Bidens pilosa var. *pilosa*

科キク科　原熱帯アメリカ　内本州以南　芽5〜7月　花7〜10月　丈50〜120 cm

◎暖かい地方の道ばたや荒れ地，畑に多い。果実は衣服などにつきやすい

①子葉は広線形で無毛，葉柄は赤紫色をおびる。②第1対生葉は3深裂し，頂小葉は3中裂。葉柄は長い。③第2対生葉以降は3全裂。小葉の縁は細かい鋸歯となる。葉の両面と葉柄にまばらに白毛。④生育期。葉は奇数羽状複葉で葉柄は赤紫色。茎は直立して分枝する。⑤頭花は筒状花のみ。⑥白い舌状花のあるものはコシロノセンダングサという変種。

アメリカタカサブロウ *Eclipta alba*

科キク科　原熱帯アメリカ　内本州以南？　芽4〜7月　花7〜10月　丈10〜60cm

◎水田畦や湿った畑などに多い一年草。戦後に帰化

①子葉はへら型で明るい黄緑，少し厚みがあり無毛。葉は対生，葉脈は明らかで無毛，鋸歯がある。②第2対生葉以降も同形。③茎，葉柄，葉の表面，縁に短毛がある。④葉腋から分枝を出す。茎は赤紫色をおびる。在来のタカサブロウ（*E. thermalis*）と比べ葉が細く，鋸歯が明らか。⑤頭花は白色の舌状花と筒状花からなる。

トキンソウ *Centipeda minima*

科キク科　内全国　芽4〜7月　花6〜10月　丈〜10 cm

◎庭や道ばた，水田など湿った土地に生える小型の一年草

①子葉はだ円形で先は円く無毛。第1，2葉は対生。②第3葉から互生でへら状くさび形，1対の鋸歯があらわれる。③第4葉以降は同形，葉の先に3〜5の鋸歯がある。④茎は地をはう。葉腋に黄緑色の頭花をつける。⑤頭花は球形で筒状花のみ。中央の両性花はつぼみのときには暗赤色。

═…1mm　━…5mm　━…1cm　━…3cm

ハキダメギク

Galinsoga quadriradiata

科キク科　原熱帯アメリカ　内全国　芽4〜9月　花6〜11月　丈10〜50 cm

◎畑，道ばた，空き地などに生える。短期間で開花結実し，年に3世代生育できる畑地の害草

①子葉は扁円形で無毛，先はくぼみ微突起がある。②第1，2対生葉は広卵形で葉の表面と縁に毛がある。③葉は対生し，鋸歯がありの先のとがる卵形。茎，葉ともに短い白毛。④茎は二叉に分枝する。茎上部の葉は細い。⑤筒状花は黄色，舌状花は白く先は3裂，通常5個。

コゴメギク

Galinsoga parviflora

科キク科　原熱帯アメリカ　内本州〜九州　芽5〜7月　花6〜11月　丈15〜40 cm

◎日本ではハキダメギクに比べて少ない。熱帯ではハキダメギクより多い

①子葉は四角状さじ形で先は切形，縁に短毛がある。第1対生葉はくびれた卵形，3脈があり，表面の毛は少ない。②第2対生葉は狭卵形で縁に低い鋸歯があり，黄緑色。③第3対生葉以降は同形，ハキダメギクと比べて葉の幅は狭い。④ハキダメギクと比べて分枝が少なく，毛はまばら。⑤舌状花の花弁は先が裂けないものがある。

ヒロハホウキギク *Symphyotrichum subulatum* var. *squamatum*

科キク科　原北アメリカ　内本州以南　芽4～7月　花7～10月　丈50～150 cm

◎道ばたや休耕田, 水路際など日当たりのよい湿った土地に多い

①子葉は卵形～だ円形, 厚みがあり緑色で無毛, 葉柄基部は赤紫色をおびることがある。②第1～3葉も卵形～だ円形, 先が少しとがり, 柄は長い。縁は赤紫色をおび, 短い毛がある。③下部の葉は長だ円形で光沢がある。縁は波打ち, 長い柄がある。④茎は直立。茎葉は線形で先がとがる。茎上部で花枝が広い角度で分枝する。⑤舌状花は淡紅色, 花弁が外側に巻く。

ベニバナボロギク* *Crassocephalum crepidioides*

科キク科　原熱帯アフリカ　内本州以南　芽4～7月　花7～10月　丈50～70 cm

◎林縁や荒れ地, 道ばた, 空き地などに生える。熱帯地方では通年生育し, 食用とされる

①子葉はだ円形で厚みとつやがある。第1葉は卵形で先端がとがり, 縁は鋸歯がある。②第2葉以降は狭卵形～長だ円形で反り返り気味となり, 主脈は赤紫色をおびる。③葉は薄く, 縁は歯牙縁となり, やや光沢がある。両面に毛を散生。④葉は互生。茎は直立し, 茎葉は羽状に裂ける。⑤頭花は筒状花のみで赤色, 下向きに咲く。

═…1mm　━…5mm　━…1cm　━…3cm

＊②巻収録の類似種　オナモミ (p. 29)
＊＊②巻収録の類似種　コメナモミ (p. 29)

オオオナモミ*

Xanthium occidentale

科キク科　原メキシコ　内全国　芽5～7月　花8～10月　丈50～150 cm

◎畦, 畑, 空き地, 河川敷などに生える一年草。果実は水でも散布される

①子葉は多肉質で先細り。主脈の基部は淡い紫色。②第1, 2葉は対生状, 三角状狭卵形でざらつく。両面に白毛が密生, 縁にふぞろいの鋸歯。第3葉以降に互生。③成葉は先がとがる数個の大きな切れ込み, ふぞろいの鋸歯がある。長柄。茎や葉柄は紫色。④茎の先に球形の雄頭花, その基部に雌頭花がつく。⑤果実にはカギ状のとげがある。

メナモミ**

Sigesbeckia pubescens

科キク科　内北海道～九州　芽5～7月　花9～10月　丈50～120 cm

◎林の外側, 道ばた, 畑などに生える一年草

①子葉は黄緑色, 厚みがあり, だ円状円形。無毛。第1対生葉は狭卵形で先がとがり, 鋸歯が数対ある。②葉は対生, 葉は3脈が明瞭。葉の両面, 葉柄にまばらな白毛がある。③茎は直立, 白い毛が密生。対生に分枝する。④頭花は5枚の総苞片が目立ち, 腺毛が密生し粘る。

ブタクサ

Ambrosia artemisiifolia

科キク科　原北アメリカ　内全国　芽4〜7月　花7〜9月　丈30〜120 cm

◎道ばた，空き地などに生える一年草。風媒花で多量の花粉を出す

①子葉は無毛，へら状で厚みがある。柄はさらに伸びる。第1対生葉は2対の羽状で深く切れ込む。②成葉の表面は黄緑色，白毛があり，2回羽状に切れ込む。③茎は直立，白毛が密生。対生に分枝。④枝先に雄花が集まった穂がつく。雄花序のつけ根に雌頭花がある。⑤雄頭花は下向きにつき，筒状花のみ。

オオブタクサ

Ambrosia trifida

科キク科　原北アメリカ　内全国　芽3〜7月　花8〜9月　丈50〜300 cm

◎河川敷や飼料畑などに生える大型の一年草。風媒花

①子葉はへら状で厚みがあり無毛。第1対生葉は縁に細かい鋸歯。②第2対生葉以降は切れ込むことが多いが，全縁のタイプもある。③葉は対生，大型で掌状に3〜5裂。桑の木の葉に似ていることから，クワモドキという別名がある。茎は直立する。④雄頭花は穂状になる。雄花序の基部の葉のつけ根に雌頭花がつく。

……1mm　……5mm　……1cm　……3cm

シロザ

Chenopodium album

科ヒユ科　内北海道〜九州　芽3〜7月　花8〜10月　丈60〜150 cm

◎夏の畑の代表的な雑草。肥沃な土地でよく育ち大型になる一年草

①子葉は細長く，表面に透明な球状の点が散在する。②第1，2葉は狭卵形で対生状。③第3葉以降は互生，三角状となる。縁は波状に切れ込む。④成葉の縁にはふぞろいの鋸歯がある。⑤新葉には白い粉が密につく。茎は直立。⑥茎の先に密生した花穂をつける。早生型もあり，花期は5〜7月。⑦花。目立たないが5裂する花被片がある。⑧，⑨はシロザの変種のアカザ。新葉の基部に赤い粉があり目立つ。子葉，本葉はシロザと同形。赤い粉は生育が進むと目立たなくなり，花期にはシロザと区別がつかなくなることが多い。

コアカザ

Chenopodium ficifolium

科ヒユ科　原ユーラシア　内全国　芽3〜6月　花5〜8月　丈20〜60 cm

◎畑や空き地などに生える一年草。シロザより小型で花期が早い

①子葉は厚みがあり細長い。②第1，2葉は対生状，表面に白い粉がある。③第5葉以降は互生，基部が太い三角状となり，縁は波状に切れ込む。淡緑色で白い粉がある。④シロザより小型。葉は3つに浅く裂ける。⑤枝先に円錐状の花序をつけ，花被は緑色。茎上部の葉は三角状にならず全体が細い。

ウラジロアカザ

Oxybasis glauca

科ヒユ科　原ユーラシア　内全国　芽4〜7月　花5〜9月　丈10〜40 cm

◎海辺の砂地に多いが道ばたにも生える一年草。北日本では畑地にも

①子葉は厚みがあり，シロザ，コアカザより短い。②第1，2葉は対生で，鋸歯はない。第3葉以降は縁は波状に切れ込む。③葉は無毛で主脈が白く目立ち，裏面が白い。やや多肉質で厚い。④生育が進むと互生。茎は地面をはい，上部が斜上する。⑤花は穂状につく。

…1mm　…5mm　…1cm　…3cm

アリタソウ

Dysphania ambrosioides

科ヒユ科　原メキシコ　内北海道〜九州　芽4〜7月　花8〜10月　丈30〜80 cm

◎空き地や道ばたなどに生え，強いにおいがある

①子葉は多肉質で狭卵形。葉柄は紅色をおびる。葉ははじめ対生状。子葉，第1，2葉ともに柄が伸びる。②第3〜5葉は葉の縁がやや波打つ。③第6葉以降は長だ円形で，波状縁となる。葉腋からさかんに分枝する。④茎は直立，分枝が多い。全草に強いにおいがある。葉は互生し，成葉には粗い鋸歯がある。毛の多いタイプをケアリタソウという。⑤枝先と葉腋に黄緑色の目立たない花をつける。

ゴウシュウアリタソウ

Dysphania pumilio

科ヒユ科　原オーストラリア　内北海道〜九州　芽4〜9月　花6〜10月　丈〜30 cm

◎畑や道ばたなど明るい裸地に多い。強いにおいがある。平成以降に急増

①子葉は多肉質で狭卵形，無毛。葉柄は紅色をおび伸びる。②第1，2葉は対生状。卵形で縁は波状，葉柄，表面に毛を散生。③葉は互生，だ円形で両側に3〜4対の大きな鋸歯。茎は地際でよく分枝。④発芽から短期間で開花結実。茎葉には強いにおいがある。葉面はしわが目立つ。⑤茎先は斜上し，葉腋に数個の目立たない花をつける。

イヌビユ

Amaranthus blitum

科ヒユ科　原地中海地域　内全国　芽4〜7月　花6〜10月　丈30〜70 cm

◎夏の畑に多く，茎が四方に広がり，短期間で開花結実する

①子葉は無毛，主脈がくぼむ。はじめ短柄で後に長柄。第1葉は広卵形，先がわずかにくぼむ。②第2葉は縁がわずかに波うち，先は切形でくぼむ。③葉は互生。第3葉以降も葉の先端がちぢれたようにくぼむ。ひし状卵形，基部がくさび形で葉柄が伸びる。④根元で分枝し，地をはって斜上する。無毛。⑤茎頂や葉腋から黄緑色〜黄褐色の穂状花序を出す。穂長は10 cm以下。

ホナガイヌビユ

Amaranthus viridis

科ヒユ科　原熱帯アメリカ　内全国　芽4〜7月　花7〜10月　丈50〜100 cm

◎畑，道ばた，空き地など，ヒユ類では最も多く，普通に見られる

①子葉は無毛，はじめ短柄で後に長柄。第1葉は卵形で無毛。②4葉期。葉は卵形〜三角状卵形となり，緑色，先がわずかにくぼみ，長柄。③茎は基部で分枝し，主茎はほぼ直立。葉は互生し，三角状広卵形。長い柄がある。④イヌビユと異なり，穂は茶褐色。穂長は10 cm以上。

…1mm　…5mm　…1cm　…3cm

ホソアオゲイトウ

Amaranthus hybridus

科ヒユ科　原熱帯アメリカ　内全国　芽4～7月　花8～10月　丈100～200 cm

◎畑地や荒れ地に多い。肥沃な土地では高さ2 mに達し，夏作物の強害草

①子葉は無毛，線形～線状披針形。第1葉は卵形で先がくぼむ。②第2葉から縁が波状になる。③第3～5葉は第2葉と同形，葉は互生でらせん状につき，葉の縁は波打つ。④葉はひし状卵形，表面は無毛。茎は直立し，ちぢれた毛が密生。⑤茎頂や葉腋から緑色の目立たない小さな花が密集した細長い穂を出す。⑥花穂はとがった苞が目立つ。

アオゲイトウ

Amaranthus retroflexus

科ヒユ科　原北アメリカ　内全国　芽4～6月　花7～9月　丈50～120 cm

◎畑や道ばた，荒れ地に生える。ホソアオゲイトウより小型で早生，北方に多い

①子葉は無毛，線形～線状披針形。第1葉は卵形で先がくぼむ。②第2葉以降は円形～広卵形，先がくぼみ，縁にまばらに毛。③ホソアオゲイトウに比べ，葉の縁はあまり波打たず，先もあまりとがらない。④ホソアオゲイトウによく似るが，丈はやや低い。また花期は早く花穂は短く太い。⑤花被片の上部が幅広いさじ形で，果実（胞果）より長いことがホソアオゲイトウとの区別点。

イガホビユ（ホナガアオゲイトウ） *Amaranthus powellii*

科ヒユ科　原北アメリカ　内北海道〜本州？　芽4〜7月　花6〜10月　丈30〜100 cm

◎他のヒユ類によく似るためあまり認識されていないが，分布は広いと思われる

①子葉は無毛，線形〜線状披針形。第1葉は卵形で先がくぼむ。②葉は互生，ほぼ無毛で柄は長い。③葉は卵形〜狭卵形。長柄で葉身基部はくさび形。縁はあまり波打たない。④植物体は無毛か上部に毛を散生。葉は薄く，中央より先で最も幅広いことが多い。基部はくさび形。⑤他のヒユ類に比べ，花穂の苞がとがって，目立つ。分枝しないか，基部近くに少数の短い枝がある。

ハリビユ *Amaranthus spinosus*

科ヒユ科　原熱帯アメリカ　内本州以南　芽4〜7月　花8〜10月　丈40〜150 cm

◎西日本に多い畑地，荒れ地の強害草。葉腋のとげは鋭く痛い

①子葉は無毛，線形〜線状披針形。第1葉は卵形で先がくぼむ。②第2，3葉は卵形〜広卵形。柄は赤紫色をおびる。ほぼ無毛。③葉中央部に白い紋を生じることがある。この時点で葉のつけ根にとげがある。④葉柄は長く，葉は狭卵形で基部はくさび形。茎は赤みを帯び，ほぼ無毛。各葉腋や花序に鋭いとげがある。⑤茎上部に長い穂を，茎の下方では葉腋に球状に花を密生する。

═…1mm　━…5mm　━…1cm　━…3cm

イヌタデ

Persicaria longiseta

科タデ科　内全国　芽4～6月　花5～11月　丈20～50 cm

◎道ばた，畦など，草刈りされる場所に多い一年草。代表的な秋の草

①子葉は卵形。第1葉はひし状だ円形。②第2葉も第1葉と同形。葉の基部はくさび形。縁にまばらに毛がある。新葉は外側に巻いた状態で出る。③葉は互生，表面は無毛でつやがある。④開花期。葉の中央部に黒い紋が生じる。茎は下部で分枝して地をはう。⑤紅紫色の花が密に集まって穂状となる。

ハルタデ

Persicaria maculosa subsp. *hirticaulis*

科タデ科　内全国　芽3～6月　花5～8月（晩生は8～10月）　丈30～80 cm

◎二毛作の麦畑などやや湿った場所に多い一年草

①子葉は卵形～だ円形。先はとがらない。第1葉は長だ円形。②第2，3葉は第1葉と同形。縁に短い毛が並ぶ。③葉の中央部に黒い斑があるがオオイヌタデほど目立たない。表面にビロード状の毛がある。④開花期。8月以降に開花する晩生型（オオハルタデ）は大型でオオイヌタデによく似る。⑤穂ははじめ直立し，5 cmほど。白～淡紅色。

オオイヌタデ

Persicaria lapathifolia var. *lapathifolia*

科タデ科　内全国　芽4～7月　花7～10月　丈30～80 cm

◎畑や空き地に多い大型のタデ。一年草

①子葉は長だ円形。先はとがらない。他のタデ類より葉身が細長く，幼植物期は葉の両面に白い綿毛が密生。②葉は互生，第2，3葉は披針形，基部はくさび形。葉の縁に白い毛が並ぶ。③茎は直立し，葉の中央部に黒い斑があらわれる。④基部から多く分枝する。托葉鞘は膜質で毛がない。⑤開花期。茎の節はふくれる。葉は先がとがり，葉脈は支脈まではっきり目立つ。⑥白～淡紅色の花穂は円柱形で曲がる。

サナエタデ

Persicaria lapathifolia var. *incana*

科タデ科　内北海道～九州　芽3～6月　花5～10月　丈20～50 cm

◎早春に出芽し，初夏に開花する一年草。オオイヌタデの変種

①子葉はやや不整の狭卵形で緑色，葉柄は淡紅色。第1葉は長だ円形で先はとがらない。緑色で赤紫色をおびる。葉の裏面は白色の綿毛が多い。②葉は互生し，長だ円形～狭卵形。表面は淡緑色，裏面には白毛。③茎は直立し，まばらに分枝し，無毛。葉の中央部に黒い斑を生じる。④花は白から淡紅色で，花穂は太く短い。

═…1mm　━…5mm　━…1cm　━…3cm

ヤナギタデ

Persicaria hydropiper

科タデ科　内全国　芽4～7月　花8～10月　丈 30～80 cm

◎休耕田や畦など，湿った場所に多い一年草。全草に辛みがある。

①子葉は狭卵形～だ円形，黄緑色で胚軸は赤色をおびる。第1葉は長だ円形でしわがよる。②第2葉も第1葉と同形，光沢があり基部はくさび型。③5葉期，葉は互生で緑色，茎は無毛で赤色。④茎の下部でさかんに分枝する。葉の先はとがり，縁は波打つ。⑤緑色または淡紅色の花を穂状にまばらにつけ，下向きに垂れる。

タニソバ

Persicaria nepalensis

科タデ科　内北海道～九州　芽4～6月　花6～10月　丈10～40 cm

◎北日本では畑や道ばたの雑草。関東以西では湿った林縁などに生える

①子葉はだ円形～円形，卵形～広卵形などさまざま。黄緑色でなめらか，縁や主脈が淡紅色をおびることがある。②第1，2葉は三角状広卵形で先がとがる。無毛で葉柄は長く，主脈が淡紅色をおびる。③葉は互生，葉身の下部が急に狭まって葉柄のひれとなる。④茎は根元から分枝して地面をはい，暗赤色をおびる。⑤花は白色，枝先や葉腋に球形に集まってつき，花柄には腺毛がある。

ミチヤナギ

Polygonum aviculare subsp. *aviculare*

科タデ科　内全国　芽3〜6月　花5〜10月　丈10〜40 cm

◎空き地や道ばた，畑などに生える。踏みつけにも強い

①子葉は広線形，淡緑色で無毛。横に開かず斜めに立つ。胚軸は赤紫色。第1葉も垂直に立つ。②第1，2葉は長だ円形，鮮緑色でなめらか。先はとがらず，主脈は明らか。③葉は互生，基部はくさび形で柄は短い。④茎は下部から分枝し，質は硬い。托葉鞘は無毛で膜質。⑤葉腋に小さな花が数個つく。花被は淡緑色で5裂し，縁は白い。

ソバカズラ

Fallopia convolvulus

科タデ科　原ヨーロッパ　内北海道〜九州　芽3〜6月　花6〜9月　丈つる性

◎荒れ地や路傍，畑に生える。北海道では畑の強害草だが本州以南では少ない

①子葉は長だ円形，先はとがらない。濃緑色で主脈が明らか。基部や縁が淡紅色をおびることがある。②第1葉は卵形で基部は心形，長い柄がある。第2葉も同形，緑色。③葉は互生，先は鋭くとがり，基部は心形。無毛で縁はやや波打つ。④つる性で他の植物にからみつく。⑤各枝先と葉腋にまばらに緑色の花がつく。花被は5枚。

═…1mm　━…5mm　━…1cm　━…3cm

ザクロソウ *Trigastrotheca stricta*

科ザクロソウ科　内本州以南　芽5～7月　花6～10月　丈5～20 cm

◎畑や道ばた，庭など日当たりよい裸地に多い小型の目立たない一年草

①子葉は卵形～だ円形で先がとがり多肉質。第1葉は広いさじ形。②第2葉も第1葉と同形，第3葉以降はさじ形。③葉が数枚で花茎を出す。全体無毛で光沢がある。④根元で多数分枝。下部の葉は3～5枚が輪生し，上部の葉は対生。茎の先が細かく分枝して白色の花を多数つける。⑤がく片は5枚あり，だ円形で花弁のように見える。1脈。

クルマバザクロソウ *Mollugo verticillata*

科ザクロソウ科　原熱帯アメリカ　内全国　芽5～7月　花6～9月　丈5～30 cm

◎畑や空き地，砂地など乾燥する土地に群がって生える一年草

①子葉は狭卵形～だ円形。先はわずかにとがる。第1葉はさじ状倒卵形で先は円い。②第2～4葉も第1葉と同形で，基部は赤みをおびる。③葉が数枚で花茎を出す。④茎は細く，全体無毛で，地をはって広がる。成葉は長倒披針形，長さじ形で，4～7枚が輪生し，全縁で1脈がある。葉腋から輪状に花柄を出す。⑤がく片は5枚あり，だ円形で花弁のように見える。3脈。

＊②巻収録の類似種　ナガエコミカンソウ（p. 47）

コミカンソウ＊

Phyllanthus lepidocarpus

科コミカンソウ科　内本州以南　芽4～7月　花7～10月　丈15～50 cm

◎暖かい地方の道ばた，畑等に生える。夜間は葉を閉じる。葉に隠れた花にはアリが訪れる

①子葉はだ円形で無毛，緑色。第1，2葉は倒卵形。②幼植物は基部に倒卵形の葉を数枚広げる。③基部から分枝。葉は左右2列につく。④多くの横枝を出し，羽状複葉のように長だ円形の葉を互生する。茎は紅赤色をおびる。⑤花はごく小さく，茎上部の葉腋に雄花，下部の葉腋に雌花をつける。⑥果実は赤褐色で，表面に横しわがある。

ヒメミカンソウ＊

Phyllanthus ussuriensis

科コミカンソウ科　内本州～九州　芽4～7月　花7～10月　丈5～20 cm

◎暖かい地方の道ばた，畑等に生える。夜間は葉を閉じる。葉に隠れた花にはアリが訪れる

①子葉は長だ円形で無毛，緑色。本葉は長だ円形～披針形で無毛，全縁。②新葉ははじめ二つ折れ。葉は互生，茎は赤みをおびる。③基部から分枝する。葉は白い中央脈が目立つ。④葉は左右2列につき，羽状複葉のように見える。細長い枝をまばらに出す。⑤葉腋の下側に，柄のある雄花と雌花それぞれつける。⑥果実の表面はなめらか。

…1mm　…5mm　…1cm　…3cm

コニシキソウ

Euphorbia maculata

科トウダイグサ科　原北アメリカ　内全国　芽4～8月　花6～10月　丈～10 cm

◎庭，畑，道ばたなど裸地に張りつくように生える。種子はアリに運ばれ分散

①子葉は長だ円形，緑色に紅色をおび無毛。第1対生葉は倒卵形，上半部に鋸歯がある。②子葉柄の片側から出た第2対生葉，左右がふぞろいのだ円形。葉の中央に紫褐色の斑点がある。③子葉柄の両側に水平に幼茎を出す。茎は暗赤色で上向きの白毛がある。④葉は対生。根元から多数分枝して地をはう。⑤花は杯状、薄紅色で枝先や葉腋につく。

オオニシキソウ

Euphorbia nutans

科トウダイグサ科　原北アメリカ　内本州以南　芽4～7月　花7～10月　丈20～40 cm

◎道ばた，空き地，砂利地など乾いた陽地に生える

①子葉は長だ円形，緑色で縁が赤色をおびる。第1対生葉は倒卵形，上半部の縁に鋸歯。赤みをおびた緑色で汚れて見える。②第2対生葉は左右の基部がふぞろいの卵形～長だ円形。縁に低い鋸歯があり，表面にまばらに毛。③第1枝の反対側の葉腋から第2枝を出す。茎は赤く白毛がある。④茎は直立または斜上。葉の斑紋はないものが多い。⑤枝先にまばらに杯状の花をつける。

ニシキソウ

Euphorbia humifusa

科トウダイグサ科　内本州以南　芽4〜6月　花7〜10月　丈〜5 cm

◎庭や道ばた，空き地に生える。コニシキソウに比べて少ない

①子葉は肉質で長だ円形，無毛。濃緑色で縁に赤み。第1対生葉は広倒卵形で先はくぼむか切形。②子葉基部から水平に幼茎を伸ばし，第2対生葉をつける。③葉は基部が左右ふぞろいのだ円形，上方に細かい鋸歯。葉は緑色で黒斑はなく，茎は濃赤色。④全体ほぼ無毛で分枝して地をはう。⑤葉腋に淡赤紫色の杯状花序がまばらにつく。

シマニシキソウ

Euphorbia hirta

科トウダイグサ科　原熱帯アメリカ　内関東以西　芽4〜9月　花5〜10月　丈30〜50 cm

◎暖かい地方の道ばたや荒れ地，畑地に生える一年草

①子葉はだ円形で緑色。第1対生葉はだ円形で縁と表面には白毛がある。②第2対生葉はひし状卵形。縁に低い鋸歯があり，縁と表面にまばらに毛。③第1枝の反対側の葉腋から第2枝を出す。④茎はよく分枝して地表をはうか斜上し，赤褐色で毛を密生する。葉は細かい鋸歯があり，左右ふぞろいのひし形で3〜5本の脈。⑤枝先に球状に杯状花序をつける。果実には伏毛がある。

…1mm　…5mm　…1cm　…3cm

＊②巻収録の類似種　カラスノゴマ (p. 49)

エノキグサ

Acalypha australis

科 トウダイグサ科　内 全国　芽 4〜9月　花 6〜10月　丈 20〜50 cm

◎道ばた，畑など明るい撹乱地に生える。夏の畑の害草の一つ

①子葉はほぼ円形。縁に細毛があり，葉柄は淡紅色をおびる。第1，2葉は広卵形で同時に出る。表面は白毛が散生，縁に浅い鋸歯がある。裏面，葉脈は紅色をおびる。②第3葉以降は互生。長だ円形〜広披針形で先はややとがる。③茎や新葉は赤みをおびる。全体に短毛がある。④茎は直立してかたく，分枝が多い。上部の葉には長柄。⑤花序は葉腋につき，基部に雌花，上部に小さな雄花が穂状につく。

クワクサ＊

Fatoua villosa

科 クワ科　内 本州以南　芽 4〜7月　花 7〜10月　丈 20〜50 cm

◎道ばた，空き地，畑など人里に生える一年草。和名は葉が桑の葉に似ることから

①子葉は円形で先がわずかにくぼみ，緑色で表面と縁に粗い毛がある。②第1，2葉は対生状，広卵形で先がとがる。緑色で縁に数対の鋸歯があり，表面に白毛が散生。③第3葉以降は互生。④開花期。茎は直立し，分枝はまばらで全体に細毛が密生しざらつく。⑤葉腋に緑色〜紫色の，雄花と雌花が混じった花序をつける。

イチビ *Abutilon theophrasti*

科アオイ科　原インド　内全国　芽4～7月　花6～9月　丈50～200 cm

◎かつての繊維作物。戦後，北アメリカから輸入穀物にまぎれて全国の畑に拡散

①子葉の片方はほぼ円形，もう一方は心形。先は丸く，脈が明らか。両面と縁は短毛で覆われる。柄は長く伸びる。②第1，2葉。葉は互生。心形で鋸歯があり，ビロード状に毛が密生する。③第3，4葉。葉の先はとがる。葉柄は長い。④開花生育期。茎にも毛が密生。⑤上部の葉の葉腋に黄色い5弁の花をつける。⑥果実は黒色に熟す。

アメリカキンゴジカ *Sida spinosa*

科アオイ科　原熱帯アメリカ　内本州～九州　芽5～7月　花7～10月　丈30～60 cm

◎戦後に帰化，関東以西の道ばたや空き地，畑に生える

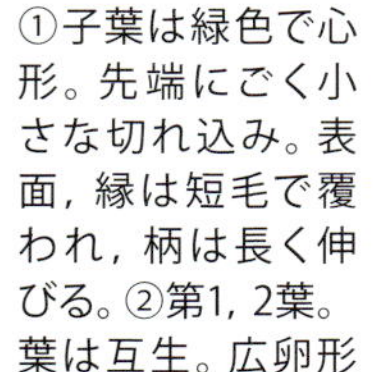

①子葉は緑色で心形。先端にごく小さな切れ込み。表面，縁は短毛で覆われ，柄は長く伸びる。②第1，2葉。葉は互生。広卵形～卵形で鋸歯が目立つ。③第3，4葉。卵形～狭卵形で無毛。④茎は直立し，木質となる。成葉は狭卵形～長だ円形で，葉柄の基部に線形の托葉がある。⑤茎の先と葉腋に黄色い5弁の花をつける。花柄は短い。⑥がく片は5枚，果実は黒褐色に熟す。

══…1mm　══…5mm　══…1cm　══…3cm

＊②巻収録の類似種　オオフタバムグラ (p. 53)

ウリクサ

Torenia crustacea

科アゼナ科　内全国　芽5～7月　花7～10月　丈～20 cm

◎庭や道ばた，畦などやや湿った土地に生える小型の一年草

①子葉は三角状卵形～広卵形，基部はやや心形。はじめ短柄でのちに長柄。②葉は対生。第1，第2対生葉は卵形～狭卵形。無毛で下半部に鋸歯があり，以降同形。③茎は四角形で分枝が多く，地をはうように広がる。茎や葉脈，縁が赤紫色になる。④開花期。上部の葉腋に花をつける。⑤花は唇形，淡紫色で小さい。⑥果実は長だ円形。

フタバムグラ*

Oldenlandia brachypoda

科アカネ科　内本州以南　芽5～7月　花8～9月　丈10～25 cm

◎湿った畑や畦などに生える小型の一年草

①子葉はほぼ円形。第1対生葉は卵状だ円形。淡緑色で無毛。②第2対生葉は狭卵形～長だ円形，先がややとがる。③第3対生葉以降は線形，脈が1本あり，先がとがる。④茎は細く，基部からまばらに分枝し，地をはうか斜上する。葉は対生で縁にざらつく短毛がある。⑤葉腋から出た短い柄に先が4裂する白色の花をつける。⑥果実は球形。

スベリヒユ

Portulaca oleracea

科スベリヒユ科　内全国　芽4～7月　花7～9月　丈～30 cm

◎日当たりよい裸地に多く，養分の高い畑地では旺盛に生育する一年草

①子葉は多肉質で長だ円形，赤みをおびた緑色。本葉の展開後も成長する。第1，2葉はへら型で多肉質。鈍い光沢がある。②第3，4葉期，幼植物期の葉は十字対生状。③子葉の葉腋から対生に分枝。④茎は赤みを帯び，地面をはい，先は斜上。全体無毛。⑤花は5弁。花被は黄色で先がくぼむ。晴天時の午前中のみ開花するが，開花せずに種子をつくる閉鎖花も多い。

キツネノマゴ

Justicia procumbens var. *procumbens*

科キツネノマゴ科　内本州以南　芽4～7月　花8～10月　丈10～40 cm

◎道ばたや林縁などに生える。西日本に多い

①子葉は円形～広卵形，黄緑色で光沢がある。やや厚みがあり無毛，先がわずかにくぼむ。②第1対生葉は広卵形で，光沢があり，縁に短い毛が並ぶ。③葉は対生，幼植物の葉の縁はやや波打つ。④茎の下部は横にはって分枝し，上部の葉は長だ円形。⑤淡紅紫色の唇形花が穂状に密集してつく。

═…1mm　━…5mm　━…1cm　━…3cm

*②巻収録の類似種　ヤブマメ（p. 36）

ツルマメ

Glycine max subsp. *soja*

科マメ科　内北海道～九州　芽4～6月　花8～9月　丈つる性

◎ダイズの原種とされるつる草。畦などの草地に生える

①子葉は厚みがあり無毛，長だ円形でやや一方に曲がる。脈がしわのように見える。第1葉は対生状，広卵形で両面，縁に白毛。②第2葉から互生で3出複葉。小葉は広卵形～だ円形。③つる性で他物にまきつく。茎には下向きの粗い毛がある。④ダイズ（色の濃い大きな葉）にからみついたツルマメ。成植物の小葉は狭卵形～披針形。⑤葉腋から短い花柄を出し，紅紫色の蝶形花を数個つける。

ヤブツルアズキ*

Vigna angularis var. *nipponensis*

科マメ科　内本州～九州　芽4～6月　花8～9月　丈つる性

◎畦など明るい草地に生えるつる草，アズキの原種とされる

①第1葉は対生状で，先のとがった心形。表面にまばらに短毛。子葉は地下にあり，地上には出ない。②第2葉から互生で3出複葉。小葉は卵形で先がとがる。③第3，4葉。葉柄は濃紫色。5葉以降に茎がつる化。④つるには黄褐色の毛がある。成葉の小葉は切れ込みが入ることもある。⑤花は淡黄色。下の花弁は左回りにねじれる。

カナムグラ *Humulus scandens*

科アサ科　内全国　芽3〜5月　花8〜10月　丈つる性

◎道ばたや荒れ地に生える一年生のつる草。茎に下向きのとげがあり，物にからみつく

①子葉は緑色でやや厚みがあり，線形で主脈が明瞭。②第1対生葉は掌状に3深裂，葉縁に鋸歯。表面は緑色に紫色をおび，葉柄は淡紫色をおびる。③第2対生葉は掌状に5深裂。成葉は5〜7裂，表面はざらつく。茎と葉柄に下向きのとげがある。茎は四角形でつるとなる。④雌雄異株。葉腋から長い枝が上向きに出て円錐状の花序に雄花が下向きに咲く。⑤雌花は下向きにかたまってつく。

ヘクソカズラ *Paederia foetida*

科アカネ科　内全国　芽5〜6月　花7〜9月　丈つる性

▲空き地，やぶ，土手などに生える多年生のつる草。全草に悪臭がある

①子葉は心形で厚みがあり，葉脈は明瞭。緑色で無毛，つやがある。②葉は対生，基部は心形で柄は長く，縁にはまばらに白毛。③葉はだ円形または狭卵形で先はとがり，茎はつるとなり，他物にからみつく。④種子の発芽より早く，越冬茎の各節から萌芽する。葉ははじめ黄緑色で後に濃緑色。⑤花は白色で内面が紅紫色。

＝…1mm　—…5mm　—…1cm　—…3cm

アレチウリ

Sicyos angulatus

科ウリ科　原北アメリカ　内北海道～九州　芽4～9月　花8～9月　丈つる性

◎荒地や河原などに多い。農地にも侵入し，他の生物を多いつくす。特定外来生物

①子葉は卵形～だ円形，明緑色，厚みがありやわらかい。②第1～4葉。広心形で，両面が著しくざらつき，3～7浅裂。③茎はあらい毛を密生する。葉は互生し，節から巻きひげを出し，他物にからみつき，数mに達する。④葉腋から出た長い柄の先に，雄花が集まってつく。花冠は淡緑色～白色で径約1 cm。⑤雌花序は短柄。果実は長さ1～2 cm，扁平な卵形で棘と軟毛がある。

マルバルコウ

Ipomoea coccinea

科ヒルガオ科　原熱帯アメリカ　内本州以南　芽4～8月　花6～10月　丈つる性

◎19世紀に観賞用で移入。野生化して道ばたや畑に拡がり，農耕地の強害草

①子葉の切れ込みは浅く，角は丸みをおびる。子葉柄や胚軸は赤褐色をおびる。②第1，2葉。先は鋭くとがり，基部は心形。③葉は互生。茎，葉柄，葉とも無毛。葉は全縁または両側に2，3個の突起。葉が数枚出た後に茎がつる化。④葉腋から花序を出し，1花序に数個，花をつける。⑤花は五角形，オレンジがかった紅色。

アメリカアサガオ（マルバアメリカアサガオ）* *Ipomoea hederacea*

科ヒルガオ科　原熱帯アメリカ　内全国　芽6～8月　花8～10月　丈つる性

◎空き地や畦，畑に生える。畑では作物にからみつく強害草

①子葉の切れ込みは中程度，先は円い。②アメリカアサガオの第1葉。深く3裂（または5裂）し，先はとがる。③マルバアメリカアサガオの第2，3葉。葉は互生，卵円形で切れ込まず，基部が心形。④マルバアメリカアサガオの開花期。全体に短毛がありざらつく。⑤花はろうと形，幅約3 cm。青紫，赤紫，白などさまざま。花後，がくは反り返る。

マルバアサガオ* *Ipomoea purpurea*

科ヒルガオ科　原熱帯アメリカ　内本州～九州？　芽5～7月　花6～10月　丈つる性

◎18世紀に観賞用で移入，野生化し，道ばたや畑にも拡がっている

①子葉の切れ込みは中程度，先は円い。アメリカアサガオに比べ裂片は幅広。②第1葉は卵円形で基部は心形，先端が急に短くとがる。③葉は互生。第2葉以降も同形。両面に短毛があり，細かい葉脈が目立つ。④開花期。つるにも下向きの長毛が生える。⑤花は幅約6 cm。青紫，赤紫，白などさまざま。果実は下向きに熟す。

…1mm　…5mm　…1cm　…3cm

マメアサガオ *Ipomoea lacunosa*

科ヒルガオ科　原北アメリカ　内本州以南　芽5〜8月　花9〜10月　丈つる性

◎空き地，道ばた，畦や畑に生える。戦後，北アメリカから輸入穀物に混じり侵入

①子葉は深く切れ込み，裂片は八の字型に，末広がりに外側に開く。②第1，2葉。広卵形で基部は心形，先は細長くとがり，両面に毛が散生。縁や葉全体が赤紫をおびることがある。葉は互生。③開花期。葉は3裂するものもある。花柄は葉柄より短い。④花は幅約2 cm。1花序に花は1，2個。白花が多いが，⑤淡紅紫色のタイプもある。

ホシアサガオ *Ipomoea triloba*

科ヒルガオ科　原南アメリカ　内関東以西　芽5〜8月　花9〜10月　丈つる性

◎空き地，道ばた，畦や畑に生える。マメアサガオに似る。作物にからみつき非常に厄介

①子葉は深く切れ込み，裂片はハの字型に開く。②第1，2葉。広卵形で基部は心形，先は短くとがる。葉は互生。③第3，4葉。葉は黄緑。全体ほぼ無毛。④開花期。葉身は3裂するものもある。花柄は葉柄より長い。⑤花は幅約2 cm。1花序に花は数個つく。淡紫色で中心の色が濃い。

イヌホオズキ*

Solanum nigrum

科ナス科　内全国　芽4〜7月　花8〜10月　丈30〜80 cm

◎夏の畑ではやっかいな害草。種子は鳥類により分散し，道ばたにも生える

①子葉はやわらかく，披針形で緑色。胚軸と葉縁，表面に透明な毛。②第1，2葉は広卵形，表面と縁，葉柄にまばらに毛。③葉は互生。幼葉では全縁。縁や葉柄，茎が紫色をおびることがある。④成葉はほぼ無毛，縁が波打つものもある。⑤1花序に白い花を数個つけ，花弁は5裂し，そり返る。⑥果実は球形で黒く熟し，光沢はない。

オオイヌホオズキ*

Solanum nigrescens

科ナス科　原南アメリカ　内本州以南？　芽4〜7月　花7〜10月　丈30〜80 cm

◎イヌホオズキと同様，畑や道ばたに生える。暖かい地方では越冬する

①子葉はやわらかく，披針形で緑色。葉縁，葉柄の毛はイヌホオズキほど目立たない。第1葉は卵形，縁は全縁かやや波打つ。②葉は互生。表面と縁，葉柄にまばらに毛。③イヌホオズキと異なり，早くから鋸歯がある。④葉の質はイヌホオズキより薄く，植物体が紫色をおびることはまれ。⑤花冠は深く5裂し，紫色をおびるものもある。⑥果実は球形で黒く熟し，やや光沢がある。

…1mm　…5mm　…1cm　…3cm

ヒロハフウリンホオズキ *Physalis angulata* var. *angulata*

科ナス科　原北アメリカ　内本州以南　芽5～8月　花7～10月　丈20～80 cm

◎畑や道ばたに生え，畑の害草。輸入穀物への混入で移入したと思われる

①子葉は先のとがる卵形～狭卵形，黄緑色で縁にはまばらに毛。第1葉は卵形。②第2，3葉と次第に縁が波打ち，先端がとがる。表面は無毛。③葉は互生，卵形で，ふぞろいの鋭い鋸歯がある。葉は薄くてやわらかい。④茎はさかんに分枝し，水気が多い。茎上部の葉は幅が狭い。⑤花冠は淡黄色，内面中央は褐色をおびることがある。⑥果実を包むがくは緑色でしばしば脈が褐色をおびる。

ホソバフウリンホオズキ *Physalis angulata* var. *lanceifolia*

科ナス科　原北アメリカ　内関東～九州　芽5～8月　花7～10月　丈20～80 cm

◎ヒロハフウリンホオズキより少ない。同じ場所に生えることも多い

①子葉は卵形～広卵形，黄緑色で縁にはまばらに毛。第1，2葉は卵形～ひし状卵形で縁はやや波打つ。②ヒロハフウリンホオズキより葉の幅が狭く，葉縁はしだいにふぞろいの鋸歯となる。③開花期。葉は披針形で縁は粗い鋸歯となる。④花柄はヒロハフウリンホオズキより長い。

センナリホオズキ（ヒメセンナリホオズキ）　*Physalis pubescens*

科ナス科　原北アメリカ　内本州以南？　芽5～7月　花7～9月　丈20～50 cm

◎畑や道ばたに生える。観賞用に鉢植えで販売されている

①子葉は卵形～狭卵形，縁にまばらに毛がある。②第1葉は五角状広卵形。第2葉も同形。両面に毛が散生。③葉は互生し，縁はふぞろいの粗い鋸歯または全縁。葉柄に毛が密生。④横に枝を広げる。全体に毛が密生し，腺毛が混じる。⑤花は黄白色で内面中央に紫色の斑。⑥がくは花後発達し，五角形に角張る。

オオセンナリ　*Nicandra physalodes*

科ナス科　原南アメリカ　内全国　芽5～7月　花7～10月　丈30～100 cm

◎畑や荒れ地に生える。観賞用に渡来したが，近年は輸入穀物による移入が多いと思われる

①子葉は濃緑色で披針形。②第1，2葉は卵形で縁は波状。③葉は互生，卵形で先がとがり，粗い不規則な鋸歯があり，短毛が散生。④茎には稜があり，分枝が多い。⑤花は径約3 cm，淡紅紫色で中心が白い。⑥がくは花後発達し，膜質となって果実を包み，基部に5個の突起がある。

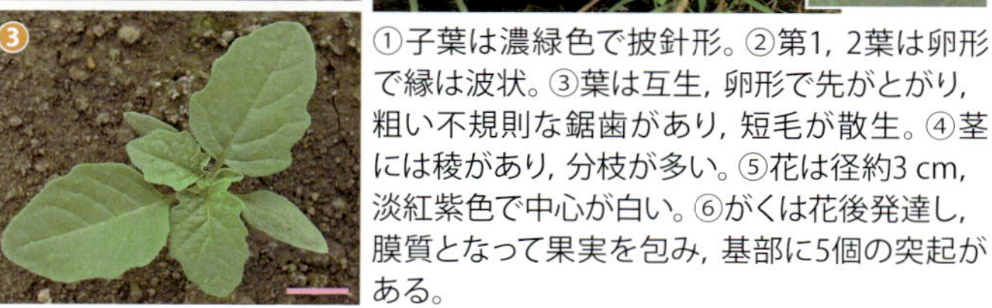

…1mm　…5mm　…1cm　…3cm

*②巻収録の類似種　ツノミチョウセンアサガオ (p. 46)

ヨウシュチョウセンアサガオ*

Datura stramonium

科ナス科　原熱帯アメリカ　内全国　芽5〜8月　花6〜10月　丈30〜150 cm

◎道ばた，空き地，畑に生える。全体に有毒物質を含む。薬用として導入され逸出。輸入穀物にも混入

①子葉は線状披針形で濃緑色，厚みがあり無毛。主脈が明瞭。第1葉は先のとがる狭卵形。②第3葉まではほぼ全縁，第4葉以降に鋸歯が明らかになる。③葉は互生し，無毛。薄く，先がとがり，鋸歯はふぞろいで大きい。④開花期。分枝が多く，茎は赤紫色をおびる。⑤花は上向きに咲き，白色または淡紫色。裂片の先に小さな尾が突出する。⑥果実は上を向き，全面に大小のとげが密生する。

ヨウシュヤマゴボウ

Phytolacca americana

科ヤマゴボウ科　原北アメリカ　内全国　芽4〜7月　花6〜9月　丈70〜200 cm

●荒れ地や畑に生え，越冬根からも萌芽する多年草。全草，特に根に有毒物質を含む

①子葉は黄緑色で披針形，先がとがる。柄は淡紫色をおびる。②第1葉は先がとがった広卵形，第2，3葉はだ円形。③4〜5葉期，葉は互生で全体無毛。縁がわずかに波打つ。④茎は赤褐色で直立。⑤白色の花を房状につける。⑥果実ははじめ緑色で，熟すと黒色。つぶすと紅紫色の汁が出る。有毒。

ツユクサ

Commelina communis

科ツユクサ科　内全国　芽4〜7月　花6〜9月　丈20〜70 cm

◎道ばたや畦，畑に生え，湿った土地に多い。茎が切断されても発根し，再生する

①第1葉は披針状卵形，先がとがり，緑色で光沢がある。②葉は互生。第2，3葉も第1葉と同形，数本の平行脈がある。③分枝を始めた5葉期。葉柄に毛があり，幼茎は淡紫色となる。④茎はやわらかく，根元から多く分枝して斜上する。葉の基部は膜質の葉鞘で茎を抱く。⑤花弁は3枚で上2枚が青。

マルバツユクサ

Commelina benghalensis

科ツユクサ科　内関東以西　芽5〜8月　花7〜10月　丈10〜30 cm

◎西日本の砂地や，道ばた，畦，畑に多い。通常の花の他，地下に閉鎖花をつける

①第1葉は広だ円形〜円形，先は円い。黄緑色で光沢がある。②葉は互生。第2葉は狭卵形。葉の表面は黄緑色。③4葉期。葉は卵形，葉鞘の縁に白毛が散生する。④葉の縁は波打つ。全体に毛が多い。⑤花はツユクサより少し小さく色が薄い。

…1mm　…5mm　…1cm　…3cm

メヒシバ

Digitaria ciliaris

科イネ科 内全国 芽4〜7月 花7〜10月 丈40〜80 cm

◎畑地，畦，道ばたなど，肥沃な陽地に多い，夏の代表的な一年生のイネ科

①第1葉は広卵形〜広披針形，長だ円形。先がとがり，表面，縁ともに白毛が密生。②第2葉は広線状披針形，先がとがり，表面，縁，葉鞘に白毛が密生。第3葉も同形。③3葉期。全体に長毛がある。④4葉期。葉はやわらかく，縁は波打つ。第1，2葉の葉腋から分げつが出始める。⑤分げつ期。各節から発根し，地面をはって四方に広がり，先は斜上。葉は広線形，縁はざらつく。葉鞘に長毛がある。葉鞘や葉縁が赤褐色をおびることがある。⑥路傍に群生して出穂したメヒシバ。⑦枝の先に放射状に3〜8個の花序の枝をつける。⑧淡緑色で披針形の小穂を列生する。小穂の毛の有無は変異が多い。

アキメヒシバ

Digitaria violascens var. *violascens*

科イネ科　内全国　芽6〜7月　花9〜10月　丈20〜50 cm

◎道ばたや芝地など，草刈り地に生える。メヒシバより出穂期がやや遅い

①第1，2葉。広披針形，先がとがる。基部と葉鞘には白毛が散生。②3葉期。幼植物では葉の裏面，葉鞘に毛がある。③葉鞘は紫色をおび，分げつして地面をはう。成葉は線形，葉身は無毛で，基部の縁にのみ長毛が散生する。④花序の枝は数本。⑤小穂はメヒシバより小さく円みがあり，2列に密に並ぶ。

コメヒシバ

Digitaria radicosa

科イネ科　内本州以南　芽5〜7月　花7〜10月　丈15〜40 cm

◎庭や道ばた，公園など，人家近くの日陰気味の裸地に多い

①第1葉はだ円形，先はとがらない。第2葉は広披針形，先がとがる。葉鞘と縁に白毛が散生。②幼植物では葉の裏面，縁，葉鞘に毛がある。③分げつ期。ほぼ無毛。葉は鮮緑色で質薄く，縁は細かく波打つ。茎は地面をはうように伸びる。植物体は全体に軟弱。④花序の枝は1点から出る。

…1mm　…5mm　…1cm　…3cm

オヒシバ

Eleusine indica

科イネ科　内全国　芽5～7月　花7～10月　丈30～90 cm

◎道ばたや畦など，乾いた硬い土地に多い。西南暖地では畑地にも生える

①第1葉は広線形，地表に接するように水平に開く。②第2葉以降は2つ折れ，淡緑色で平行脈が目立つ。広線形～披針形で先がとがる。③3葉期。葉鞘は扁平で全体無毛。④4葉期。葉鞘は白緑色となり，葉身は光沢がある。⑤分げつ期。叢生して大株となり，堅く丈夫。⑥成葉の基部の縁にはまばらに白い長毛がある。⑦掌状に数個の花序の枝をつけ，⑧外側に2列に淡緑色の小穂を列生する。

イヌビエ

Echinochloa crus-galli var. *crus-galli*

科イネ科　内全国　芽4〜7月　花7〜9月　丈60〜150 cm

◎畑地や湿った土地に多い。夏の農地の代表的な強害草

①子葉鞘は膜質で，赤褐色をおびることがある。第1葉は線状披針形，先はとがり，緑色。②第2，3葉以降は線形。③全体無毛で葉に葉舌はない。葉鞘は扁平。④第4，5葉。葉は外側に弯曲して開き，先は垂れる。葉はざらつく。⑤分げつ期。桿は直立する。葉鞘が赤紫色をおびることがある。⑥出穂期。成植物は葉の主脈が白く目立つ。⑦枝分れした10〜20 cmの穂を出し，小穂を密につける。芒（のぎ）が長いタイプ（ケイヌビエ）は湿った土地に多い。

…1mm　…5mm　…1cm　…3cm

エノコログサ

Setaria viridis var. *minor*

科イネ科　内全国　芽4〜6月　花6〜9月　丈20〜70 cm

◎道ばたや空き地, 砂地など, 裸地に多い

①第1葉は広線形, 先がとがり緑色, ほぼ水平に開く。縁, 葉鞘が赤褐色をおびることがある。②第2, 3葉は線状披針形, 緑色で平行脈が多く無毛。③3葉期。葉鞘の縁に短毛があり, 葉舌は短い毛の列となる。④4, 5葉期, 分げつ始め。葉は質薄く, 先がとがり, 基部は急に狭まり葉鞘となって茎を抱く。⑤出穂期。茎は直立する。⑥花序は円柱状で緑色, 直立する。肥沃な土地では穂は大型化する。⑦刺毛は緑色で小穂の3〜4倍長。⑧キンエノコロ (p. 55下段) の花序。直立し, 刺毛は黄金色。⑨小穂は他の2種より大きく円い。

アキノエノコログサ *Setaria faberi*

科イネ科　内全国　芽5～7月　花7～10月　丈40～100 cm

◎耕地や空き地に多い。エノコログサより大型で花期は遅い

①第1葉は長だ円形，先がとがる。緑色で平行脈が多い。②3葉期。葉鞘の縁に長毛が列生し，葉身の表面は短毛が密生。③5葉期，葉身は線形で，表面や縁は逆撫でするといちじるしくざらつく。成葉ではねじれる。④花序の先は垂れ下がる。

キンエノコロ *Setaria pumila*

科イネ科　内全国　芽5～7月　花8～10月　丈20～70 cm

◎畦や芝地など，草刈りされる土地に多い

①第1葉は線状長だ円形，先はとがる。黄緑色。他の2種に比べ第1葉の位置が高い。②3葉期。葉鞘の縁は無毛。葉身基部にのみ長毛がある。③分げつ始め，葉鞘はやや扁平。葉身裏面はやや光沢がある。④出穂期。傾いた基部から桿が直立して穂（p.54⑧）を出す。

…1mm　…5mm　…1cm　…3cm

＊②巻収録の類似種　スズメノヒエ（p. 64），
アメリカスズメノヒエ（p. 65），タチスズメノヒエ（p. 65）

シマスズメノヒエ（ダリスグラス）*

Paspalum dilatatum

科イネ科　原南アメリカ　内本州以南　芽4〜7月　花6〜9月　丈50〜120 cm

●牧草名ダリスグラス。畦や芝地など草刈りされる土地に生える多年草

①第1葉は線形，赤紫色は子葉鞘。②新葉は直立して出た後，開いて垂れる。③幼植物では葉身裏面に毛があるが表面は無毛。基部の葉鞘には剛毛があり，赤紫色をおびることがある。稈は円い。葉舌は膜状。④花序の枝は5〜10本，黒っぽい葯が目立つ。成植物では葉身基部にのみ毛がある。

メリケンカルカヤ

Andropogon virginicus

科イネ科　原北アメリカ　内本州以南　芽4〜7月　花9〜10月　丈50〜100 cm

●空き地や道路脇など，日当たりのよい乾いた草地に多い。1940年代に侵入し，分布北上中

①第1葉は広線形で無毛，地面に水平。第2葉以降は2つ折れで出る。②葉鞘は扁平，葉身基部の縁に長毛。③幼植物の葉は外側に曲がり，先は上向きにとがる。茎，葉は堅く，平滑で無毛。④白い毛に包まれた穂が葉腋につく。晩秋に全体が褐色となる。⑤長白毛が目立つ穂。

シナダレスズメガヤ *Eragrostis curvula*

科イネ科　原南アメリカ　内全国　芽4〜9月　花6〜10月　丈60〜120 cm

●砂防，緑化用に導入され，河川敷や道路沿いに広く野生化した多年草

①第1葉は線形で先は剣状，平行脈が目立つ。②3葉期。基部の葉鞘と葉身基部の縁には長い毛がある。③葉は細長く，先が垂れる。成植物では葉鞘は無毛。葉は乾くと内側に巻き，いちじるしくざらつく。④花序は灰緑色にくすみ，まばらに小穂を多数つけ，一方に傾く。

ニワホコリ** *Eragrostis multicaulis*

科イネ科　内全国　芽4〜8月　花6〜10月　丈〜25 cm

◎庭，道ばた，畑などの裸地に生える小型の一年草

①第1葉は線形，表面は無毛。平行脈が目立つ。②3葉期。全体ほぼ無毛。幼植物時のみ葉鞘口部に毛がある。③4〜5葉期。葉身は幅細く，暗緑色。全体的に繊細。④茎下部は地を這い斜上する。花序は円錐状で，赤紫色をおびる小穂をまばらにつける。

…1mm　…5mm　…1cm　…3cm

オオクサキビ

Panicum dichotomiflorum

科イネ科　原北アメリカ　内全国　芽5〜7月　花8〜10月　丈40〜120 cm

◎湿った土地でも旺盛に生育し，牧草としても利用されるが，逸出し水田周辺で雑草化

①第1葉は狭卵形，先がとがる。平行脈が多く，表面は無毛。②幼植物では葉鞘，葉身裏面に毛が密生。③葉は線形で平滑。縁はやや波うち，太い中脈が目立つようになる。④円錐花序の枝は斜上し，小穂は枝に密につく。

ヌカキビ

Panicum bisulcatum

科イネ科　内全国　芽5〜7月　花7〜10月　丈30〜120 cm

◎畦や林縁などやや湿った土地に生える

①第1葉は卵形で先がとがる。第2葉は狭卵形。平行脈が多く無毛。②3葉期。葉身基部は稈を取り巻き，縁に短毛。③葉は線形で扁平，ややざらつく。下部の葉鞘は淡紫色をおびる。④出穂始め。円錐花序にまばらに小穂をつけ，枝は開き，垂れ下がる。全体に軟弱に見える。

アゼガヤ

Leptochloa chinensis

科イネ科　内本州〜九州　芽5〜7月　花8〜10月　丈30〜70 cm

◎水田畦，湿った畑や道ばたなどに生える。西日本や熱帯では農地の害草

①第1葉は長だ円形で先がとがる。緑色の平行脈が明瞭。②3葉期。青みを帯びた緑色で全体無毛。③葉は二つ折りで扁平，第4葉までは線状長だ円形で縁はやや波打つ。④第5葉以降は線形。稈は直立する。⑤花序は総状に多数の総をつけ，小穂は微小で赤紫色に染まる。

コブナグサ

Arthraxon hispidus

科イネ科　内全国　芽5〜6月　花9〜10月　丈20〜50 cm

◎畦や道ばたなど，湿った草地に多い一年草

①第1葉はだ円形〜卵形，縁にまばらに毛があり，平行脈が明瞭。②3葉期。2〜4葉はだ円形〜長だ円形。葉身両面，縁には長毛がある。③分げつ期。成葉は狭卵形で先がとがり，基部は心形で茎を抱く。両面無毛だが葉鞘と縁には長毛がある。④花序の枝はまばらな放射状，紫褐色。

…1mm　…5mm　…1cm　…3cm

カヤツリグサ

Cyperus microiria

科カヤツリグサ科　内本州以南　芽4〜7月　花8〜10月　丈20〜60 cm

◎畑や道ばたなど，日当たりのよい乾いた裸地に生えることが多い。代表的な夏の雑草

①

②

③

④

⑤

⑥

⑦

⑧

⑨

コゴメガヤツリ*Cyperus iria*

①第1，2葉。線形で先がとがり緑色。②2葉期。葉はすべて線形。③3葉期。葉は3列互生となる。④第1，2葉の基部は茎を抱き，第3葉以降，葉鞘は融合して筒状になる。葉鞘は平行脈が目立ち，白緑色で基部は赤褐色をおびることがある。茎の断面は三角形となる。⑤葉腋から分枝し，叢生となる。⑥茎の先に数個の花序を出し，多数の小穂をつける。花序は全体に黄褐色。⑦小穂の鱗片の先がとがる。⑧近縁のコゴメガヤツリ（*C. iria*）は水田など，湿った土地にも生える。花序は全体に黄色で，小穂は軸に対して斜上してつく。⑨小穂の鱗片の先はとがらない。出穂前の両種の識別は難しい。

＊②巻収録の類似種　マツヨイグサ（p. 115），オオマツヨイグサ（p. 115）

メマツヨイグサ＊ *Oenothera biennis*

科アカバナ科　原北アメリカ　内全国　芽9～11月，3～5月　花6～10月　丈30～150 cm

◎土手や空き地など，刈り取りされる土地に生える。観賞用に導入され全国に野生化

①子葉は三角状卵形で先は円い。柄は長く伸びる。第1，2葉ははじめ卵形。②葉は互生。葉数が増えるとだ円形から長だ円形となり，縁はやや波打つ。主脈は白く目立つ。③根生葉で越冬する。根生葉は浅い鋸歯があり先はとがり，しばしば赤みをおびる。④越冬後，茎は直立する。⑤茎の上部に黄色い4弁花をつけ，夜に咲く。⑥果実は長だ円形，熟すと先から4裂する。

コマツヨイグサ＊ *Oenothera laciniata*

科アカバナ科　原北アメリカ　内本州～九州　芽1～6月　花5～10月　丈20～50 cm

◎砂地や荒れ地に多いが，西日本では農地にもはびこる

①子葉は三角状狭卵形で先は円い。柄は長く伸びる。②葉は互生。第1，2葉は長だ円形で長柄。全体に短毛がある。③地表に葉を広げる。葉数が増えると葉の縁は波打つ。④根生葉で越冬する。葉縁は不規則な鋸歯か波状に裂ける。⑤地際にはった茎の葉腋に淡黄色の4弁花をつける。夜咲き。⑥果実は円柱状，熟すと先から4裂する。

＝…1mm　━…5mm　━…1cm　━…3cm

＊②巻収録の類似種　ナガバギシギシ（p. 71），アレチギシギシ（p. 71）

ギシギシ*

Rumex japonicus

科タデ科　内全国　芽3〜6月，9〜11月　花5〜8月　丈60〜100 cm

●やや湿った土地に生える。太い直根からも萌芽する多年草。

①子葉は披針形，多肉質で無毛，基部は淡紅色。第1葉は淡緑色で広卵形〜広だ円形。②第2葉も同形，第3葉以降，縁が波状となり，長柄。③第4葉以降，だ円形から長だ円形となり，縁は波打ち，柄は長い。④越冬個体。根生葉は長だ円形で葉の縁は大きく波打つ。⑤淡緑色で多数の花が穂状につく。花被片の縁に鋸歯がある。

エゾノギシギシ*

Rumex obtusifolius

科タデ科　原ヨーロッパ　内北海道〜九州　芽3〜6月，9〜11月　花5〜9月　丈60〜130 cm

●太い直根からも萌芽する多年草。ギシギシより葉が大きく幅広い。

①子葉は披針形，多肉質で無毛。②第2，3葉の葉身は広卵形〜卵形で基部は切形〜心形。③第4，5葉は卵形〜狭卵形で葉柄，葉脈が赤みを帯び，支脈はくぼむ。縁が波打つ。④越冬個体。根生葉は大型で卵状だ円形。茎や葉柄，葉の中脈が赤みをおびることが多い。茎は直立。⑤花被片の縁はとげ状。

スイバ＊＊

Rumex acetosa

科タデ科　内北海道〜九州　芽9〜11月　花4〜6月　丈30〜100 cm

●畦や土手など，草地に生える多年草。雌雄異株。

①子葉は無毛でだ円形〜狭卵形，多肉質，緑色〜淡紅色。第1，2葉は卵状三角形，無毛。表面は凸凹状。淡緑色に少し紅色をおびる。②幼植物。葉は狭卵形で基部は切形，縁は波状。③葉は狭卵形から長だ円形となり，葉柄は赤褐色をおびる。④根生葉は柄が長く，葉身は長だ円形で基部は矢じり形。⑤出穂期。茎は直立し，縦に筋がある。茎葉の基部は茎を抱く。⑥雄花，花被片は6枚。⑦雌花，柱頭は鮮やかな赤色。

══…1mm　━…5mm　━…1cm　━…3cm

カタバミ

Oxalis corniculata

科カタバミ科　内全国　芽3～7月, 9～11月　花4～10月　丈～20 cm

▲庭や道ばたなどの裸地や芝生に生え, 細い茎が地面をはって広がる多年草

①子葉は卵形～だ円形, 先は円い。葉柄は淡紅色。第1葉は3小葉, 小葉は倒心形で先がくぼむ。葉縁と幼茎にわずかに長軟毛。②3葉期。葉縁は赤紫色をおび, 長毛がある。③茎葉が赤紫色のタイプをアカカタバミという。葉は暗くなると閉じる。④根元から数本の茎を出して地をはう。節から根と枝を出し, 先は斜上。⑤直立する花柄の先に花弁が5枚の黄色い花をつける。

オッタチカタバミ

Oxalis dillenii

科カタバミ科　原北アメリカ　内北海道～九州　芽3～7月, 9～11月　花4～10月　丈10～40 cm

▲1960年代に帰化が確認。カタバミと同じような土地に生える

①子葉は卵形～だ円形, 本葉は3小葉で第1葉から同形。②カタバミと異なり, 葉の赤いタイプは見られない。カタバミに比べ, 全体に明るい黄緑色で, 茎や葉柄に毛が多いが, 幼植物期の識別は難しい。③開花個体。地上茎はすべて地中を横走する根茎から生じる。茎が立ち上がることが和名の由来。④カタバミとほぼ同じ黄色の5弁花。

ヘビイチゴ

Potentilla hebiichigo

科バラ科　内全国　芽5～6月，9～11月　花4～5月　丈～10 cm

▲草刈りされる畦などの湿った草地に生え，地をはう茎で増殖する

①子葉は広卵形で先端はわずかにくぼむ。淡緑色で無毛。第1葉は5中裂。葉柄に短毛。②第2葉は7中裂。③第3葉から3出複葉となる。各小葉は5中裂。④葉は黄緑色。根生葉は長柄で3小葉，小葉は卵形～倒卵形。茎は地面をはい，全体に薄い長軟毛がある。⑤葉腋から出た花柄の先に5弁の黄色い花をつける。⑥花後に花托がイチゴ状に肥大する。花托は白っぽい。

オオチドメ＊

Hydrocotyle ramiflora

科ウコギ科　内北海道～九州　芽9～11月　花5～8月　丈～10 cm

▲畦や芝地など，草刈りされる湿った土地に生え，茎は地をはう

①子葉は卵形，円頭で無毛，緑色。第1葉は腎円形で切れ込みは浅く，数個の鋸歯。②幼植物。葉は互生し，厚みがあり，無毛で光沢がある。③葉の基部の両縁は重なるほど接近する。茎は黄褐色。ほふく茎を伸ばし，各節から発根する。④茎は細く地をはい，花期に先端は斜上。⑤花は円く集まり，10数個。花序の柄は葉柄より長い。

＝…1mm　―…5mm　―…1cm　―…3cm

ヨモギ

Artemisia indica var. *maximowiczii*

科キク科　内北海道〜九州　芽3〜5月　花8〜10月　丈50〜120 cm

■土手や空き地に普通，地下茎で繁殖し，越冬する多年草

①子葉はだ円形，光沢がない。第1，2葉は対生状，狭倒卵形で縁に1〜2の鋸歯。②第3，4葉は浅裂する。両面，葉柄とも綿毛があり，裏面には密生する。③第5，6葉と成長するにつれ，葉の切れ込みが増して独特の形になる。④地下茎で繁殖し，根生葉を地際に広げて越冬する。⑤越冬茎は春先から直立し，多くの枝を出す。⑥茎の先の円錐花序に地味な頭花を下向きに多数つける。⑦頭花は釣鐘型，舌状花はない。

セイタカアワダチソウ＊　*Solidago altissima*

科キク科　原北アメリカ　内全国　芽3〜5月　花9〜11月　丈100〜250 cm

■風散布種子と地下茎で増え，土手や河川敷，休耕地，空き地に多く，大群落をなす

①子葉はだ円形で厚みがあり無毛，黄緑色。②第1，2葉はへら形で全縁。第3葉以降に鋸歯が生じ，縁に短毛が並ぶ。③幼植物。葉縁，葉柄は赤紫色をおびる。④種子由来の越冬個体。新葉は内側に巻いて出る。⑤地下茎由来の越冬株。ロゼット状で越冬する。⑥春期〜夏期に旺盛に茎を伸ばす。茎は赤紫色で直立。⑦円錐形の花序に黄色い頭花が密につく。⑧舌状花の花弁は細い。

═…1mm　━…5mm　━…1cm　━…3cm

ハルジオン

Erigeron philadelphicus

科キク科　原北アメリカ　内全国　芽9～11月　花4～7月　丈30～60 cm

■道ばたや畦などに生え，根の不定芽からも増殖する。ヒメジョオンより遅れて帰化

①子葉は広卵形で先が丸い。第1葉は広卵形，両面と縁に白毛。②第3葉からわずかに鋸歯が出る。③葉は主脈が目立つ。表面は白い長毛があり，鋸歯はとがらない。④葉数が増えると葉は卵形から長だ円形となる。⑤根生葉は長だ円形かへら形。鋸歯はとがらない。⑥花茎の出始め。葉身の基部はひれ状。⑦開花個体。つぼみはうなだれる。花時にも地際の葉が残り，茎葉の基部は茎を抱く。全体に軟毛がある。⑧頭花の舌状花は淡紅色～白色，筒状花は黄色。

ヒメジョオン

Erigeron annuus

科キク科　原北アメリカ　内全国　芽9～11月, 3～5月　花5～10月　丈50～120 cm

◎観賞用に導入され, 空き地や道ばたなど全国に帰化。花期はハルジオンより遅い

①子葉はだ円形で黄緑色, 無毛。第1葉は卵形, 先は少しとがる。②第2～4葉。表面, 葉柄に白毛が密生。③葉は互生, 第4葉以降, 鋸歯縁となる。④幼植物の葉は卵形で, 基部は急に狭まり, 柄となる。⑤根生葉は卵形で柄が長く, さじ形。鋸歯は粗い。⑥越冬後, 茎が直立する。葉は長だ円形で先はとがり, 鋸歯は大きく先は鋭い。⑦茎は直立して上部で分枝し, 粗い毛がまばら。茎葉には粗い毛があり, 基部は細く, 茎を抱かない。⑧頭花の舌状花は白色～淡紫色, 筒状花は黄色。ハルジオンより舌状花の数が少ない。

═…1mm　━…5mm　━…1cm　━…3cm

ヒメムカシヨモギ *Erigeron canadensis*

科キク科　原北アメリカ　内全国　芽9〜5月　花7〜10月　丈100〜200 cm

◎風散布種子で道ばたや空き地など裸地に入りこむ。一年生または二年生

①子葉は広卵形，先がわずかにとがり淡緑色。第1葉は広卵形，表面と縁に白毛がまばら。②第1〜4葉。広卵形で柄が長く，先がわずかにとがる。葉柄，葉脈は紅紫色をおびる。③葉は互生，表面に毛が散生し，葉脈は紅紫色，低い鋸歯がある。④根生葉は柄が長く，幼植物時は卵形。葉の支脈が血管状に目立つ。⑤越冬期の葉はだ円形〜倒卵形で粗い鋸歯があり，葉脈は赤紫色。⑥越冬後の茎立ち始期。茎葉は倒披針形でまばらに鋸歯があり，縁には長い毛がある。⑦茎は直立し，粗い毛がまばら。茎上部の葉は線形。⑧開花期。花枝は多数分枝し，全体は黄緑色。⑨頭花は筒状花のまわりに白い舌状花が並ぶ。

オオアレチノギク

Erigeron sumatrensis

科キク科　原南アメリカ　内本州以南　芽10～11月　花7～10月　丈100～200 cm

◎風散布種子で道ばたや空き地など裸地に入りこむ。発芽から開花まで1年以上かかる

①子葉は卵形で淡緑色，先は円い。第1葉は円形～広卵形で白毛が多い。②第3，4葉から縁に1対の浅い鋸歯が出る。葉柄は白毛が密生。③葉は互生，数葉以降は鋸歯が明らか。葉脈は淡黄緑色。④葉の表面は黄緑，全体が白毛で覆われる。根生葉はロゼットとなり鋸歯が明らか。⑤越冬期。葉は倒披針形で鋸歯は粗い。⑥越冬後の茎立ち始期。葉はだ円形～長だ円形。⑦茎は直立。茎葉は線状倒披針形でまばらに鋸歯。全体に短毛が密生し，灰色がかって見える。⑧大きな円錐花序に多数の頭花をつける。⑨頭花はヒメムカシヨモギよりひと回り大きく，舌状花はほとんど目立たない。

…1mm　…5mm　…1cm　…3cm

アレチノギク *Erigeron bonariensis*

科キク科　原南アメリカ　内全国　芽9〜10月　花5〜8月　丈30〜50 cm

◎道ばたや荒れ地に生える。明治期に帰化し全国に広がったが，近年は減少傾向

①子葉はだ円形〜狭卵形，黄緑色で無毛。第1葉はだ円形〜卵形で表面と縁に毛。葉柄は紅紫色。②第4〜5葉は長だ円形で全縁。③幼植物の葉は縁に1，2対の鋸歯，全体に灰白色の毛が密生。④越冬期。鋸歯は深く粗い。根生葉は花時には枯れる。⑤花は側枝に多くつき，頭花はオオアレチノギクよりやや大きい。

キツネアザミ *Hemisteptia lyrata*

科キク科　内本州以南　芽10〜11月　花5〜6月　丈60〜80 cm

◎農地やその周辺の土手や空き地に生える一年草

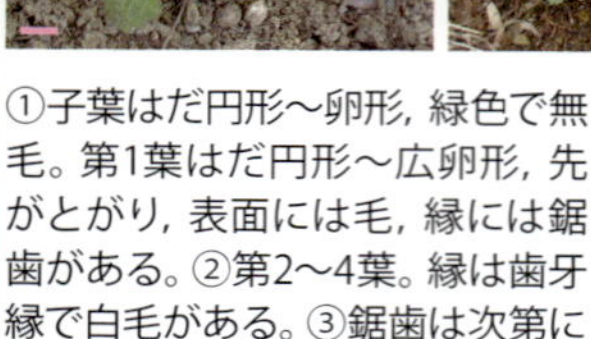

①子葉はだ円形〜卵形，緑色で無毛。第1葉はだ円形〜広卵形，先がとがり，表面には毛，縁には鋸歯がある。②第2〜4葉。縁は歯牙縁で白毛がある。③鋸歯は次第に粗くなるが，柔らかくとげはない。④葉は羽状に深裂。⑤越冬期。裂片はさらに深く裂け，裏面は白く軟毛がある。⑥頭花は多数の紅紫色の筒状花からなり，総苞片に突起がある。

ノゲシ*

Sonchus oleraceus

科キク科　内全国　芽9～5月　花4～10月　丈50～100 cm

◎種子は風散布され，道ばたや空き地，畑地などの裸地に入りこむ一年草

①子葉は広卵形，先は円い。無毛で紫色をおびる。第1葉の縁はとげのような粗い鋸歯。②第1，2葉は広だ円形。幼葉の表面には白色の毛があるが，成長して乾燥すると落ちる。③第4，5葉は倒卵形～長倒卵形。縁は短い針先のある鋸歯。④越冬期。葉は柔らかく，淡緑色に白色をおび，羽状に深裂し，頂裂片が大きい。⑤頭花は黄色の舌状花のみ。花柄には腺毛があり粘る。

オニノゲシ*

Sonchus asper

科キク科　原ヨーロッパ　内全国　芽9～5月　花4～10月　丈50～100 cm

◎種子は風散布。道ばたや空き地などに多い

①子葉は広卵形，先は円い。無毛で紫色をおびる。第1葉の縁はとげのような粗い鋸歯がある。②第1，2葉は広だ円形。幼葉の表面には白色の毛があるが，成長して乾燥すると落ちる。③第4，5葉は倒卵形～長倒卵形。縁は短い針先のある鋸歯。④越冬期。葉は濃緑色，柔らかいが質が厚く光沢がある。鋸歯の先はとがり，触れると痛い。⑤頭花は黄色の舌状花のみ。

…1mm　…5mm　…1cm　…3cm

＊②巻収録の類似種　ウスベニチチコグサ（p. 88）
ホソバノチチコグサモドキ（p. 88）

ハハコグサ＊

Pseudognaphalium affine

科キク科　内全国　芽9〜4月　花3〜6月　丈10〜30 cm

◎空き地や道ばた，畦や冬場の乾いた水田に多い。春の七草の一つ

①子葉は淡緑色でだ円形。第1，2葉は対生状。先がとがり，綿毛が密生。第3，4葉もほぼ同時に出て同形。②第5葉以降は互生となり，へら状で両面に綿毛が密生し，緑白色に見える。③葉は柔らかく，葉柄はなく，葉の先はわずかにとがる。④越冬期，地際で分枝する。⑤枝先に淡黄色の細い筒状花だけからなる頭花をつける。

チチコグサ＊

Gnaphalium japonicum

科キク科　内北海道〜九州　芽9〜11月　花5〜9月　丈10〜25 cm

▲畦や芝地に生え，ほふく茎で広がる多年草

①子葉は長だ円形で先がとがり，淡緑色，無毛。第1，2葉は対生状。②幼葉は長だ円形〜倒披針形で先がとがりへら型。両面ともにクモの巣状の毛がある。③根生葉は表面緑色，細長い倒披針形。④根元から走出枝を伸ばす。葉の裏面は白毛で白く見える。⑤花茎の先に褐色の筒状花だけの頭花が密集してつく。

チチコグサモドキ*

Gamochaeta pensylvanica

科キク科　原北アメリカ　内全国　芽10～5月　花4～10月　丈10～30 cm

◎道ばた，空き地，畑などに生える一年草。大正期に帰化

①子葉は円形～広だ円形，黄緑色で無毛。第1，2葉はだ円形で対生状。表裏ともに白色綿毛がある。②幼葉は無柄でへら形，先は円く，短い突起がある。全体に白色綿毛が密生。③葉数が増えると，縁は波状となる。葉柄基部が赤紫色をおびることもある。④葉はへら型で基部に向けて細くなる。株元で分枝する。⑤茎上部の葉腋に茶褐色で筒状花のみの頭花をつける。

ウラジロチチコグサ*

Gamochaeta coarctata

科キク科　原北アメリカ　内本州～九州　芽10～5月　花5～8月　丈20～60 cm

▲1970年頃に帰化した，都市部の芝地や道ばたに多い多年草

①子葉は広卵形，黄緑色で無毛。第1，2葉は先がとがるだ円形で対生状。表裏ともに白色の綿毛がある。②幼葉は無柄で広だ円形～広倒卵形，先は円く，短い突起がある。③幼植物。縁はやや波打ち，葉の表面は毛が少ない。④越冬期。根生葉はだ円形で，基部から先まで幅が変わらない。葉の表面は濃緑色，つやがあり無毛，茎や葉裏は綿毛が密生して白い。⑤頭花は茎上部に集まり，紅紫色から黄褐色，褐色となる。

…1mm　…5mm　…1cm　…3cm

*②巻収録の類似種　アオオニタビラコ (p. 81)

アオオニタビラコ*

Youngia lyrata

科キク科　内全国　芽10～4月　花4～6月　丈30～100 cm

◎道ばたや空き地など乾いた陽地に多い一年草

①子葉は円形～広卵形，黄緑色～暗い黄緑，無毛で短柄がある。第1葉はだ円状円形。②第2，3葉はだ円状円形～卵形。縁にとげ状の鋸歯が2～4対ある。葉，葉柄，縁とも淡緑色にやや紫色をおび，白色の軟毛がある。③葉は羽状に裂ける。頂裂片が大きく，先は円い。④根生葉はロゼット状で赤紫色をおびる。生育が進むと裂片は三角状に切れ込む。⑤花茎は有毛で直立し，数枚の葉がある。枝先に黄色い舌状花だけの頭花が密集する。

ノボロギク

Senecio vulgaris

科キク科　原ヨーロッパ　内全国　芽3～7月，9～11月　花3～12月　丈5～30 cm

◎畑，道ばたなど裸地に多く，短期間で開花結実する。盛夏以外の通年，生育がみられる

①子葉は長だ円形，黄緑色。第1葉は長だ円形で先がとがり，縁に4，5の鋸歯。②第3，4葉は倒卵形～長倒卵形で，基部はくさび形。③葉は互生，厚みがあり，葉柄，茎に白毛が散生し，鋸歯は次第に深くなる。④成葉は羽状の切れ込みとふぞろいの鋸歯があり，植物体は柔らかい。茎は赤紫色をおびる。⑤茎の先端に黄色の筒状花からなる頭花を数個つける。

コウゾリナ

Picris hieracioides subsp. *japonica*

科キク科　内北海道〜九州　芽10〜11月　花5〜10月　丈30〜120 cm

◎土手や林縁，空き地など，やや湿り気のある土地に生える一年草

①子葉はへら状だ円形，厚みがあり無毛。第1葉は基部がややくさび形で，縁にとげ状毛。②第1，2葉。縁には浅い歯牙状の鋸歯が数対。③葉数が増えると，へら形，倒披針形で細く柄のようになる。④越冬期。葉は大型で主脈は赤紫色。全体に紫褐色の剛毛があり，ざらつく。⑤頭花は黄色の舌状花のみ。総包片は先がとがり，剛毛が多い。

ブタナ

Hypochaeris radicata

科キク科　原ヨーロッパ　内全国　芽9〜5月　花5〜10月　丈30〜80 cm

●空き地や芝地などの草地に多い多年草。昭和初期に帰化し，各地に定着

①子葉はへら状だ円形，厚みがあり無毛。第1葉は光沢があり，基部がくさび形。縁にとげ状毛。②第2，3葉はへら型，倒披針形。縁は浅い歯牙状の鋸歯。白色長毛が列生。③第3，4葉，葉の表面にも白色長毛が散生。縁は赤紫色をおびる。主脈は白い。④葉はすべて根生葉。分裂しないタイプ。⑤根生葉が羽状に不規則に切れ込むタイプ。⑥花茎には葉がなく，枝分かれして数個の頭花をつける。頭花は黄色の舌状花のみ。

═…1mm　━…5mm　━…1cm　━…3cm

セイヨウタンポポ *Taraxacum officinale*

科キク科　原ヨーロッパ　内全国　芽9～11月　花3～11月　丈5～40 cm

●道ばたや芝地，空き地など撹乱の多い草地に多い多年草。受粉せずに結実する

①子葉はへら状のだ円形～広だ円形。無毛。第1葉は広だ円形で表面に短毛。②第2，3葉も広だ円形で基部がくさび形，縁に数個の鋸歯。③数葉目から羽状に裂け，葉柄は赤紫色をおびる。葉は柔らかい。④葉は根生葉のみで，葉の切れ込みには変異が大きい。写真は下向きに深裂し，裂片の先がとがるタイプ。⑤花茎の先に頭花を単生。頭花は黄色の舌状花のみからなる。

ヤグルマギク *Cyanus segetum*

科キク科　原地中海地域　内本州～四国　芽10～4月　花4～6月　丈60～100 cm

◎明治期に観賞用で移入，現在も栽培され，庭先から道ばた，空き地に逸出。麦畑の害草

①子葉はへら状のだ円形～広だ円形，明るい黄緑色で厚みがあり柔らかい。②第1，2葉は対生状，長だ円形～線形，全体に白色の綿毛に包まれ，白みをおびる。③葉数が増えると葉は羽状に深裂し，鋸歯は不規則。④開花期。茎葉は互生でほぼ線形。⑤濃い青紫色の筒状花をつけた頭花。⑥白桃色のほか，赤紫色など花色にはさまざまなタイプがある。

ハナイバナ

Bothriospermum zeylanicum

科ムラサキ科　内全国　芽9〜11月, 4〜5月　花4〜11月　丈5〜30 cm

◎畑地や畦，道ばたに生える小型の一年草。出芽時期が長く，花期も長い

①子葉は広卵状円形，緑色。葉面，縁に白色の短毛がある。第1葉は広卵形で先がわずかにとがる。②第1，2葉。縁の毛は先端方向に向け斜めに開く。③葉はへら形で上向きの短毛がある。春期に出芽した個体は短期間で開花。④長柄を持つさじ形の葉を広げた越冬個体。葉の縁は波打つ。⑤茎上部の葉腋に短い柄のある花が1つずつつく。花冠は淡青紫色。

キュウリグサ*

Trigonotis peduncularis

科ムラサキ科　内全国　芽9〜3月　花3〜6月　丈10〜30 cm

◎畑や畦，道ばたに生える小型の一年草。主に越冬個体が春期に開花

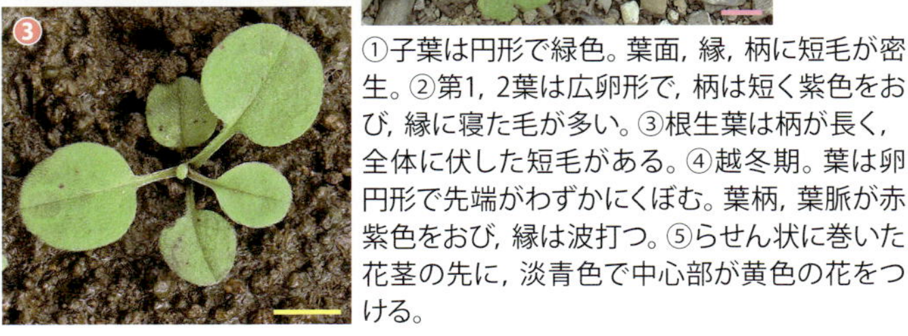

①子葉は円形で緑色。葉面，縁，柄に短毛が密生。②第1，2葉は広卵形で，柄は短く紫色をおび，縁に寝た毛が多い。③根生葉は柄が長く，全体に伏した短毛がある。④越冬期。葉は卵円形で先端がわずかにくぼむ。葉柄，葉脈が赤紫色をおび，縁は波打つ。⑤らせん状に巻いた花茎の先に，淡青色で中心部が黄色の花をつける。

…1mm　…5mm　…1cm　…3cm

ホトケノザ

Lamium amplexicaule

科シソ科　内全国　芽9～5月　花3～6月　丈10～30 cm

◎畑地や道ばた，石垣のすき間などに生える。冬期は閉鎖花もつけ，種子はアリ散布

①子葉は腎状だ円形，厚みがあり無毛，先端に微突起がある。②子葉柄は伸びる。第1対生葉は3～4対の鋸歯があり，脈がくぼみ，両面と縁に毛がある。③子葉節から分枝した幼植物。茎は四角形で赤紫をおびる。下部の葉は長柄で鋸歯は粗い。④根元で多数分枝し，上方は斜上する。上部の葉は無柄で半円形となる。⑤茎上部の葉腋に，段々に紅紫色の唇形花をつける。

ヒメオドリコソウ

Lamium purpureum

科シソ科　原ヨーロッパ　内北海道～九州　芽9～3月　花3～6月　丈10～30 cm

◎土手や道ばたなどに生え，ホトケノザと比べ，群生する傾向がある。種子はアリ散布

①子葉はだ円形～広卵形で無毛。先端に微突起があり，基部は両辺に小さな耳たぶ状の突起がある。②第1，第2対生葉は鋸歯があり，脈がくぼみちりめん状。両面と縁，葉柄に毛が密生する。③下部の葉は葉柄が長く，卵円形。網目状の脈が目立つ。④根元で多数分枝し，茎は四角形，上方は斜上する。⑤茎上部の葉は柄が短く，三角状で赤紫色をおびる。葉腋に淡紅色の唇形花をつける。

キランソウ　*Ajuga decumbens*

科シソ科　内本州以南　芽9～11月，3～5月　花4～6月　丈～10 cm

●草刈りされる畦や芝地，林縁や石垣のすき間などにへばりつくように生える

①子葉は卵形，つやがあり無毛，先端はやや切形。第1対生葉ははじめ卵形で縁は波状。表面に白い短毛がある。②第1対生葉は柄が伸びひし状となる。第2対生葉は粗い鋸歯があり，基部はくさび形。③春に出芽した個体は初夏に開花する。④開花期。地面に貼りつくように根生葉を広げ，全体に縮れた毛がある。越冬期は全体が赤紫色をおびる。⑤葉腋に濃紫色の唇形花をつける。

トキワハゼ*　*Mazus pumilus*

科サギゴケ科　内全国　芽3～7月，9～11月　花4～10月　丈～20 cm

◎湿った道ばたや畦，畑地などに普通な小型の一年草。冬期以外は開花する

①子葉は三角状広卵形，はじめ短柄でのちに長柄。第1対生葉は三角状広卵形，葉柄は淡紫色。②葉は対生。第2対生葉の縁はわずかに波状鋸歯，葉柄基部には短毛。③葉はへら状，葉柄基部，幼茎にも短毛。春期に出芽した個体は短期間で花茎を出す。④越冬個体。葉にふぞろいの鋸歯がある。ほふく茎は出さない。⑤花の上唇は紫色，下唇は白色で黄色と赤紫色の斑紋がある。

…1mm　…5mm　…1cm　…3cm

コナスビ

Lysimachia japonica var. *japonica*

科サクラソウ科　内全国　芽10〜11月, 3〜5月　花5〜7月　丈5〜25 cm

●道ばたや庭, 公園, 畦などの草地に生える小形の多年草

①子葉は広卵形〜三角状広卵形, 先がややとがり無毛。②第1, 2対生葉は緑色で広卵形〜三角状広卵形, 先はとがらない。縁には短毛が並ぶ。③葉は対生。茎ははじめ斜上し, 柔らかい毛がある。④越冬期。茎はにぶい赤紫色で地をはう。⑤葉腋に隠れるように, 5弁の黄色い花を1つずつつける。がくの先はとがる。

キキョウソウ*

Triodanis perfoliata

科キキョウ科　原北アメリカ　内本州以南　芽10〜4月　花5〜7月　丈30〜60 cm

◎戦後に各地に拡がり, 日当たりのよい道ばた, 芝生などに普通に生える

①子葉は広卵形, 明緑色で先がわずかにくぼみ, 短柄。第1葉も同形で, 縁に2対のくぼみ, 表面に白い短毛が散生。②葉は互生, 第2, 3葉は浅い鋸歯があり, 縁と葉柄, 葉脈は紫色をおびる。③根生葉は柄が長く, 縁には白毛がある。④越冬後。葉は低い鋸歯がある。⑤茎は直立, 茎葉は無柄で円形, 基部は茎を抱く。⑥葉腋に紫色の5深裂する花を1, 2個つける。

ヤエムグラ＊

Galium spurium var. *echinospermon*

科アカネ科　内全国　芽11～4月　花5～6月　丈30～80 cm

◎空き地や畑に生え，茎にある下向きのとげで他の物に寄りかかる。麦畑の害草

①子葉は卵形～長だ円形で先がくぼみ無毛，黄緑色。②葉は対生。托葉と同形で輪生状に見える。第1対生葉は倒卵形，先がとがる。葉の表面と縁に短いとげ状毛がある。③第2対生葉も托葉とあわせ4片，子葉の葉腋からの分枝にも4片の葉をつける。第3，4節の葉は5，6片。④越冬個体。成葉は6～8片が輪生状につき，広線形または長倒披針形。茎は4角形で細かい逆刺がある。⑤茎の先端や葉腋に黄緑色の花をつける。⑥果実は球形で表面にかぎ状の刺がある。

ノヂシャ

Valerianella locusta

科スイカズラ科　原ヨーロッパ　内本州～九州　芽10～3月　花4～5月　丈10～30 cm

◎道ばたや土手などに生える。原産地ヨーロッパでは食用として栽培される

①子葉は円形で無毛，つやがあり，中央脈が目立つ。第1対生葉も同形。②第2，第3対生葉はだ円形で縁はわずかに波打ち，黄緑色。③下方の対生葉は柄が伸びてへら型でやわらかい。④開花期。二叉状に分枝し，上部の茎葉は無柄で基部が幅広く，縁は粗い鋸歯。⑤淡青色の5裂した花をかためてつける。

＝…1mm　—…5mm　—…1cm　—…3cm

＊②巻収録の類似種　ミドリハコベ（p. 94），イヌコハコベ（p. 94）

コハコベ*

Stellaria media

科ナデシコ科　原ユーラシア　内全国　芽9～5月　花3～11月　丈10～20 cm

◎畑地に多く，真夏以外は一年中生育する。春の七草の一つ

①子葉は長だ円形で先がとがる。葉柄の基部は紅紫色をおびる。②第2，第3対生葉。本葉は対生で，先のとがった卵形。③第4，第5対生葉。茎は赤紫色を帯び，葉の先端は暗い紫色。④分枝を始めた幼植物。第3節以降の茎から単列毛をもつ。植物体は全体に柔らかい。⑤花弁は5枚，基部近くまで2裂して10枚のように見える。花柱は3個，雄しべは1～7個。

ウシハコベ*

Stellaria aquatica

科ナデシコ科　内全国　芽10～11月，3～5月　花4～8月　丈20～50 cm

◎やや日陰の湿った土地に多い。葉の縁が波うち，ハコベ類では大型になる

①子葉は披針形で先がとがる。②第1対生葉は披針形～広卵形，葉柄に長毛。③第2，第3対生葉。葉の表面に紫色の斑点。④葉は先がとがり，卵形から心形に。成葉の縁はわずかに波打つ。生育中期は長柄で，茎上部の葉は無柄。⑤花柱は5個。花柄とがく片に短い腺毛。

ノミノフスマ

Stellaria uliginosa var. *undulata*

科ナデシコ科　内全国　芽9〜11月, 3〜5月　花3〜7月　丈5〜25 cm

◎冬の水田や畦など，湿った土地に多い。早春に白い花を咲かせる

①子葉は先がとがり披針状だ円形。②第1, 第2対生葉，子葉と同形で，葉の先端が突出。③分枝を始めた幼植物，葉は黄緑色で薄く柔らかい。④開花期。葉柄はなく，全体無毛。⑤花弁ががく片より長い。花柱は3本で，短く目立たない。

ノミノツヅリ

Arenaria serpyllifolia var. *serpyllifolia*

科ナデシコ科　内全国　芽10〜11月, 3〜5月　花3〜7月　丈5〜20 cm

◎道路脇や植え込みなどに多い小型の一年草

①子葉は披針形で無毛，先がとがり黄緑色。第1対生葉は柄があり，披針状長だ円形。②第3, 4対生葉。先のとがる長だ円形，葉面，葉柄に毛がある。③生育期。葉は卵形で両面に短毛。根元からよく分枝する。④茎は地面をはい，先は斜上。葉はだ円形〜長だ円形で上部の葉は無柄。全体に短毛がある。⑤花弁は5枚，先が丸く，がく片より短く，裂けない。

…1mm　…5mm　…1cm　…3cm

オランダミミナグサ *Cerastium glomeratum*

科ナデシコ科　原ヨーロッパ　内全国　芽9～4月　花3～5月　丈10～30 cm

◎道ばた，畦など日当たりのよい土地にごく普通。早春に開花する

①子葉は黄緑色，先のややとがる披針状卵形。②第1対生葉は倒卵状だ円形，表面と縁に長毛。③第2葉以降は同形，葉柄はなく，卵形～長だ円形。④越冬期。根元から分枝し，茎葉とも毛が密生。⑤花は密集して花柄は短く，花弁は先が2裂。茎上部は腺毛が多く，さわるとねばつく。

ミミナグサ *Cerastium fontanum* subsp. *vulgare* var. *angustifolium*

科ナデシコ科　内全国　芽10～11月　花4～6月　丈15～30 cm

◎オランダミミナグサに比べ少なく，畑や道ばた，半陰地などやや湿ったところに多い

①子葉は緑色，披針状長だ円形で凸頭。②第1対生葉は倒卵状だ円形，表面は無毛，縁はまばらに毛がある。③葉は対生，表面は暗紫緑色，縁に長毛がある。④越冬期。オランダミミナグサに比べ葉と葉との節間が長く，茎は暗紫色をおびることが多い。⑤花柄はやや長く，オランダミミナグサに比べまばら。

ツメクサ＊

Sagina japonica

科ナデシコ科　内全国　芽9～6月　花4～7月　丈5～20 cm

◎庭や道ばた，空き地などに生える小型の一年草

①子葉は多肉質で淡緑色，無毛でごく小さい。②第1，第2対生葉は披針状線形～線形。③葉は針形で厚く緑色，先がとがり無毛。④茎は地際で分枝。地面にはうように広がり，先は斜上。⑤花弁は白色で5枚。茎上部には腺毛がある。

オオツメクサ（ノハラツメクサ）

Spergula arvensis

科ナデシコ科　原ヨーロッパ　内全国　芽9～6月　花3～10月　丈15～30 cm

◎明治期に帰化し，畑や道ばた，空き地に多い。北日本や暖地の冬の畑では厄介な雑草

①子葉は線形，多肉質で緑色。胚軸は赤みがかる。②第1，第2対生葉は子葉と同形，第3，4葉とも輪生状。③子葉節から分枝した幼植物。各節に輪生状に10数本の糸状の葉がつく。④茎は地際でほふくし，つる状に伸び，幼茎は茶褐色をおびる。全体に腺毛がありやや粘る。⑤花は白色で5弁，がく片と同長。種子の表面に突起があるタイプをノハラツメクサという。

…1mm　…5mm　…1cm　…3cm

ナズナ

Capsella bursa-pastoris

科アブラナ科　内全国　芽10～5月　花3～6月　丈10～50 cm

◎畑地や道ばた，空き地などにごく普通。別名ペンペングサ。春の七草の一つ

①子葉はだ円形で無毛，先はとがらない。②第1，2葉は卵形でほぼ同時に出る。表面に白色の星状毛がある。③葉数が増えると，縁が歯牙縁から波状となる。④第7葉以降，左右1対の深裂が生じる。⑤葉数が増えるとともに，裂片の数が増す。葉柄は紫色をおびる。⑥花茎を出す前の越冬個体。根生葉は羽状に深く切れ込み，裂片はとがる。⑦春に出芽した個体はロゼットとならずに，開花する。葉も切れ込まない。⑧白い4弁の花を多数つけ，⑨花後に倒三角形の果実をつける。

タネツケバナ *Cardamine occulta*

科アブラナ科　内全国　芽9～5月　花3～5月　丈15～30 cm

◎冬の水田や水路際など，湿った土地に生える。早春に白い花を咲かせる

①子葉は広卵形で先がわずかにくぼみ無毛で柄は長い。第1葉は縁が少しくぼんだ腎形。②第2，3葉は第1葉と同形，第4葉は頂小葉の大きい3出葉。③5，6葉から5小葉，次第に小葉数が増える。小葉はだ円形～倒卵形。④越冬期。羽状に切れ込んだ葉をロゼット状に広げ，葉柄基部は淡紫色をおびる。⑤紫色をおびた茎の先に白色の4弁花をつける。⑥果実は細長い円柱形。

ミチタネツケバナ *Cardamine hirsuta*

科アブラナ科　原ヨーロッパ　内北海道～九州　芽10～11月　花3～5月　丈5～30 cm

◎市街地の道ばた，芝生などに多い。1990年代以降に増加

①子葉は広卵形で無毛，柄は長く，先がわずかにくぼむ。第1葉は腎形。②第2，3葉は第1葉と同形，縁は波打ち，表面にはまばらに毛がある。③第4葉から3小葉に，その後5小葉へと，次第に小葉数が増える。小葉には切れ込みはほとんどない。④越冬期。根生葉は花期まで残り，頂小葉が目立って大きい。⑤果実は花茎に寄り添うように立つ。

…1mm　…5mm　…1cm　…3cm

＊②巻収録の類似種　キレハイヌガラシ (p. 101)

イヌガラシ

Rorippa indica

科アブラナ科　内全国　芽4～11月　花4～11月　丈20～50 cm

●畦や畑地，道ばたなどに生え，短い根茎の断片からも繁殖する

①子葉は黄緑色で無毛，広卵形で先端はわずかにくぼみ，柄は長い。第1，2葉は広卵形，縁は浅い波状，無毛で光沢がある。②第3，4葉は緑色～濃緑色，縁は浅い波状の鋸歯となる。葉柄は紫紅色をおびる。③葉数が増えると羽状にふぞろいに切れこむ。根生葉は長だ円形，頂裂片が大きい。④茎葉は長だ円形で上方ほど小さく，切れ込みはない。⑤花は黄色で4弁。⑥果実は棒状。

スカシタゴボウ*

Rorippa palustris

科アブラナ科　内全国　芽4～11月　花4～11月　丈30～50 cm

◎畑や湿った地に生え，太い直根の断片から多くの芽を出す。和名の由来は“透かし・田牛蒡”

①子葉は黄緑色で無毛，広卵形。はじめ短柄でのちに長くなる。第1葉は全縁，第2葉は縁がやや波打つ。②第3，4葉から切れ込みが生じ，濃緑色，葉柄は紫褐色。③第5，6葉から羽状に切れ込む。根生葉は長柄。④開花始期。茎や葉柄は赤紫色をおびる。茎葉も羽状に深く切れ込む。⑤花は黄色で4弁。⑥果実はイヌガラシより短く太い。

*②巻収録の類似種　メリケントキンソウ（p. 82）
イガトキンソウ（p. 82）　マメカミツレ（p. 83）

マメグンバイナズナ　*Lepidium virginicum*

科アブラナ科　原北アメリカ　内全国　芽9～11月，3～5月　花5～7月　丈15～60 cm

◎道ばた，空き地に多い二年草。明治期に侵入し，全国に定着

①子葉はだ円形で無毛，淡緑色，柄は長く伸びる。②第1，2葉はだ円形～卵形，2対の鋸歯があり，表面はまばらに毛がある。③第3葉以降，鋸歯が増える。④冬期の根生葉，羽状に切れ込み，ロゼットとなる。葉は濃緑色で光沢がある。⑤茎は上部で枝分れし，小さい白色の花を多数つける。果実は扁平な円形（軍配状）。

カラクサナズナ（カラクサガラシ）*　*Lepidium didymum*

科アブラナ科　原ヨーロッパ　内全国　芽9～5月　花3～8月　丈5～20 cm

◎道ばた，畑，空き地など陽地に生え，特異的な異臭がある

①子葉はへら型で無毛。黄緑色。第1，2葉は対生状。全縁で無毛，長柄。②第3葉から鋸歯を生じ，羽状に3裂。③葉数が増えると羽状に全裂し，ロゼット状となる。葉はやや光沢がある。④ロゼット葉の中心の茎に小さな花序をつけた後，匍匐または斜上する分枝を出す。⑤花は小さく，花弁も微小。果実は2個の球をあわせた形。

…1mm　…5mm　…1cm　…3cm

＊②巻収録の類似種　アブラナ (p. 99)

カラシナ（セイヨウカラシナ）

Brassica juncea

科アブラナ科　原西アジア　内全国　芽9～11月, 3～4月　花4～5月　丈30～100 cm

◎河川の土手, 道ばたなどに群生し, 開花期は一帯を黄色に染める

①子葉は腎形, 無毛でつやがあり, 主脈が明瞭。②第1, 2葉は倒卵形で粗い不規則な鋸歯があり, 葉柄と縁, 表面に毛がある。葉柄は淡紫色をおびることがある。③第3葉以降も同形。④越冬期。根生葉は長柄, 基部は羽状に切れ込み, 葉脈は白く目立つ。⑤黄色の4弁花。つぼみは開花した花より上にある。

セイヨウアブラナ*

Brassica napus

科アブラナ科　原ヨーロッパ　内北海道～九州　芽9～11月, 3～4月　花3～5月　丈50～100 cm

◎油糧作物として移入。港湾周辺などにしばしば逸出・自生する

①子葉は腎形。無毛でつやがある。②第1葉は円形～倒卵形で不規則な波状の鋸歯がある。③葉は厚みがあり, 白っぽい。葉柄, 縁, 表面の毛はまばら。④越冬個体。葉身基部は羽状に切れ込み, 葉脈は白く目立つ。⑤黄色の4弁花。つぼみは開花した花に囲まれる。

ハルザキヤマガラシ

Barbarea vulgaris

科アブラナ科　原ヨーロッパ　内北海道〜本州　芽10〜11月, 3〜4月　花4〜7月　丈20〜80 cm

●北日本の河川敷, 畑地, 畦など湿った土地に群生し, 根茎でも繁殖する

①子葉は卵形〜だ円形で無毛, 先がわずかにくぼみ, 柄は長く伸びる。②幼葉は心形で先は円く, 縁は波打つ。長柄。③第5葉以降, 羽状に切れ込む。葉は濃緑色でやや厚く, 光沢がある。④ロゼット状で越冬する。根生葉は羽状に深裂し, 頂裂片が大きい。全体無毛。⑤直立した茎の先に鮮黄色の4弁花をつける。⑥果実は長さ2〜3 cmの線形。

イヌカキネガラシ

Sisymbrium orientale

科アブラナ科　原地中海沿岸〜中央アジア　内本州以南　芽10〜11月　花4〜6月　丈30〜80 cm

◎昭和初期に移入し, 市街地の道路脇や造成地, 河原など乾燥する土地に多い

①子葉は倒卵形〜だ円形で先がわずかにくぼむ。柄は赤紫色をおびる。第1, 2葉も同形で縁が波状の鋸歯となり, 表面と縁に白毛が散生。②葉数が増えるとともに葉は羽状に深裂。全体に白毛が散生し, 葉柄は長く, 紫色をおびる。③ロゼット状で越冬する。羽状深裂で頂裂片はほこ形。④枝先に径1 cmほどの黄色の4弁花をつける。⑤果実は幅2 mm, 長さ10 cmほどの硬い棒状。熟すと紫褐色となり, 特異な草姿となる。

…1mm　…5mm　…1cm　…3cm

クジラグサ

Descurainia sophia

科アブラナ科 原ユーラシア 内北海道〜九州 芽10〜11月, 3〜4月 花4〜6月 丈30〜100 cm

◎明治期に帰化。北半球温帯の麦畑の雑草で，日本でも近年被害。

①子葉はこん棒状の狭卵形で淡緑色，毛に覆われる。第1，2葉は対生状，羽状に3裂し，星状毛に覆われる。②第3葉以降は互生，羽状に全裂し，柄は長い。③越冬期。葉は灰緑色で2〜3回羽状に細かく全裂〜深裂し，裂片の先はとがる。④越冬後。全体にやや悪臭がある。⑤花は淡黄色で茎の先に密集。細長い棒状の果実をつける。

ヒメアマナズナ

Camelina microcarpa

科アブラナ科 原ヨーロッパ 内北海道〜九州 芽10〜11月, 3〜4月 花4〜6月 丈30〜100 cm

◎クジラグサと同じく麦畑に生えると厄介な雑草，道ばたにもまれに見られる。

①子葉は卵形〜だ円形で淡緑色。第1，2葉はほぼ同時に出る。全縁でだ円形，表面と縁に毛。②第3葉以降は互生，狭倒卵形で白緑色，硬い毛で覆われる。③根生葉は長だ円形で縁は波状，先はとがらず，長柄。④茎はほぼ直立，茎葉は披針形〜倒披針形で上部の葉の基部は茎を抱く。⑤茎の先に淡黄色の花を多数つける。果実は径約 5 mmの硬い球形。

＊②巻収録の類似種　ゲンノショウコ（p. 52）
＊＊②巻収録の類似種　アツミゲシ（p. 111）

アメリカフウロ*

Geranium carolinianum

科フウロソウ科　原北アメリカ　内全国　芽9〜11月，3〜4月　花4〜6月　丈20〜50 cm

◎昭和期に帰化，空き地や道ばたに生える。西日本では畑の害草

①子葉は腎形，縁は淡紅色をおびた灰緑色，先がわずかにくぼみ，両面，葉柄，縁に短毛が密生。②第1葉は5〜7中裂の掌状葉。葉柄は赤紫色で白毛が密生。③越冬期。地際に葉を広げ，全体に赤紫色。葉は5深裂し，さらに細裂。葉柄は長い。④茎は基部から分枝し，斜上する。開花期の茎葉は基部まで切れ込む。⑤淡紅色の5弁花。⑥花後はとがった果実が目立つ。

ナガミヒナゲシ**

Papaver dubium

科ケシ科　原ヨーロッパ　内全国　芽10〜11月，3〜4月　花4〜6月　丈10〜60 cm

◎1961年に帰化確認。道路沿いに都市部から郊外，農村の空き地にも拡散している

①子葉は長だ円形で無毛，少し厚みがあり黄緑，第1，2葉は灰緑色でだ円形〜卵形。②第3葉以降，表面に白毛を生じる。短柄で卵形。③第7葉以降，1対の浅い鋸歯が生じる。柄と縁は紫色をおびる。④越冬期。根生葉は羽状に深裂し，白みがかり，全体に白毛。⑤花茎の先に4弁の赤朱色の花を咲かせる。⑥果実はわら色に熟し狭卵形。

…1mm　…5mm　…1cm　…3cm

シロツメクサ（シロクローバ） *Trifolium repens*

科マメ科　原ヨーロッパ　内全国　芽9～11月　花4～10月　丈～20 cm

▲牧草として導入され，全国に逸出・野生化。ほふく茎と種子の両方で増える

①子葉は多肉質で長だ円形，緑色で表面なめらか。第1葉は単葉で扁円形，縁に鋸歯。②第2葉から3出複葉，縁に細かい鋸歯。③葉柄は長い。小葉は先端がくぼみ，八字形の薄い白斑があるが，その様相は個体によりさまざま。④茎は暗紫色をおびて無毛，根元から多く分枝し地面をはう。⑤葉柄より長い花柄の先に白色の蝶形花を多数つける。

ムラサキツメクサ（アカツメクサ，アカクローバ） *Trifolium pratense*

科マメ科　原ヨーロッパ　内全国　芽9～11月　花5～9月　丈20～60 cm

●牧草として導入され，全国に逸出・野生化した短年生の多年草

①子葉は多肉質でだ円形，緑色で表面なめらか。第1葉は単葉で扁円形。葉柄，葉面，縁に軟毛。②第2葉から3出複葉，葉柄は赤紫色をおびる。③幼植物の小葉は広倒卵形で先は少しくぼむ。④全体に開出した軟毛がある。小葉に白い斑紋があることが多い。成植物の小葉は先のとがる長だ円形。⑤紅紫色の蝶形花を径約2 cmの頭状花序につけ，その下に1対の葉がある。

コメツブツメクサ*

Trifolium dubium

科マメ科　原ヨーロッパ　内全国　芽9〜11月　花4〜6月　丈10〜40 cm

◎芝地や道ばたなど，明るい草地に多い。戦後に広がった帰化植物

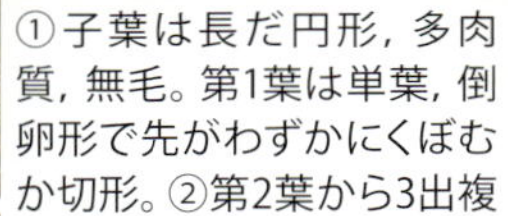

①子葉は長だ円形，多肉質，無毛。第1葉は単葉，倒卵形で先がわずかにくぼむか切形。②第2葉から3出複葉。小葉の基部はくさび形。③第3，4葉。無毛で葉柄は赤紫色をおびる。④根元で分枝し，茎は赤紫色。成植物は小葉の上半部に鋸歯がある。⑤黄色の蝶形花を球形の総状花序につける。花柄は約2 cm。

ミヤコグサ

Lotus corniculatus var. *japonicus*

科マメ科　内全国　芽9〜11月　花5〜7月　丈5〜40 cm

●日当たりのよい道ばたや芝地，海岸の砂地などに生える。株基部の芽で越冬する

①子葉はだ円形で緑色，多肉質でつやがあり無毛。第1葉は3出複葉，小葉は倒卵形。第2葉も3出複葉で第1葉のすぐ近くに出る。②分枝が伸長した幼植物。第3葉以降，托葉のように見える小葉がつき，5小葉となる。茎，葉はほぼ無毛。③開花期。茎は地をはい，先端は斜上。④花柄に1〜3の鮮やかな黄色の蝶形花をつける。

…1mm　…5mm　…1cm　…3cm

＊②巻収録の類似種　ナヨクサフジ（p.93）

ヤハズエンドウ（カラスノエンドウ）＊ *Vicia sativa* subsp. *nigra*

科マメ科　内本州以南　芽10～3月　花4～6月　丈つる性

◎道ばたや土手などの草地に生えるつる草，麦畑ではやっかいな害草

①第1葉は2小葉（1対）で，小葉は先のとがる線状長だ円形。子葉は地下にあり地上に出ない。②第2，3葉も第1葉と同形。③第1枝には5，6対の2小葉がつく。④第1枝の基部から第2枝の第1葉が出る。第2枝の小葉は倒広卵形，長だ円形など，第1枝とは形が異なる。⑤第3枝を出した幼植物。第2枝以降の小葉は4対以上となる。⑥越冬期。根元から分枝した茎が地をはう。小葉の先は少しくぼむ。茎は赤紫色をおびる。⑦越冬後，春期に葉の先が巻きひげとなり，他物にからみついて茎が立ち上がる。⑧葉腋に1，2個の紅紫色の蝶形花をつける。

スズメノエンドウ

Vicia hirsuta

科マメ科　内本州以南　芽9～3月　花4～5月　丈つる性

◎道ばたや土手に生えるつる草，カラスノエンドウより小さい

①第1葉は4小葉（2対）で，小葉は線状だ円形。子葉は地下にある。②第2葉も4小葉（2対）。③第1枝は数枚の複葉を出し，地際から第2枝が出る。枝上部の複葉の先端は巻きひげとなる。④根元から分枝した茎が地をはう。小葉は線状長だ円形で先が少しくぼみ，突起がある。茎は赤紫色をおびる。成植物では小葉は12～14枚。⑤花柄の先に白紫色の蝶形花を数個つける。

カスマグサ

Vicia tetrasperma

科マメ科　内本州以南　芽9～3月　花4～5月　丈つる性

◎道ばたや土手に生えるつる草，カラスノエンドウとスズメノエンドウの中間の形

①第1，2葉は先のとがるだ円形で2小葉（1対）または4小葉（2対）。②第3葉の先は巻きひげとなる。③第1枝の基部から第2枝，第3枝を出す。④越冬期。小葉はスズメノエンドウより大きく，だ円形～線状長だ円形で8～12枚。⑤花柄の先に2個の蝶形花をつける。花弁には赤紫色の筋がある。

═…1mm　━…5mm　━…1cm　━…3cm

オオイヌノフグリ *Veronica persica*

科オオバコ科　原ヨーロッパ　内全国　芽9～6月　花2～6月　丈10～30 cm

◎畑地，道ばたなどに普通。明治期に侵入し，今や早春を彩る代表的草本

①子葉は黄緑で広卵形，無毛で葉柄は茶色みがかる。第1対生葉は三角状広卵形で，両面，縁，葉柄ともに白毛。②第1，第2対生葉は縁に3～数対の鋸歯。③根元から分枝する。葉数が増えるとともに鋸歯は目立つ。④茎は地をはう。葉は下部では対生，上部では互生。⑤葉柄より長い花柄を出し，青紫色の花をつける。花冠は4裂し，雄しべは2個。⑥果実はやや扁平な倒心形。

タチイヌノフグリ *Veronica arvensis*

科オオバコ科　原ヨーロッパ　内全国　芽10～3月　花4～6月　丈10～30 cm

◎道ばたや畦，土手などに生える。オオイヌノフグリに比べ花は目立たない

①子葉は広卵形，表面は軟毛が散生し，先がわずかにくぼむ。第1対生葉の縁は波状で，表裏，縁とも白い軟毛。②第2，第3対生葉は縁に2，3対の鋸歯があり，表面に白毛。③葉は下部では対生し，卵円形で鋸歯は目立つ。④分枝は地をはわず，花期には直立。上部の葉は長だ円形で無柄。⑤花は小さく，ほとんど柄がない。茎上部で葉は互生し，次第に小さくなる。

イヌノフグリ

Veronica polita var. *lilacina*

科オオバコ科　内本州以南　芽10～3月　花3～5月　丈10～20 cm

◎石垣のすき間や離島など，オオイヌノフグリのいない土地に限られた分布をする在来種

①子葉は広卵形で無毛，柄は紫紅色。第1対生葉は三角状卵形，3脈が明瞭で2対の鋸歯があり，縁に細かい毛。②第2対生葉の鋸歯は3対。葉脈，葉柄が紫紅色をおび，葉柄に白毛が散生。③地際で分枝し，地をはって広がる。葉は黄緑色，茎は紅紫色。④開花期。石垣のすき間など限られた場所でのみ見かけられる。⑤花柄は短く，花弁は淡紅色。

フラサバソウ

Veronica hederifolia

科オオバコ科　原ヨーロッパ，アフリカ　内北海道～九州　芽10～3月　花3～5月　丈5～20 cm

◎畑や道ばたに生え，暖かい地方では冬の畑の雑草にもなる

①子葉は卵形～だ円形，厚みがあり，無毛。主脈がくぼむ。②第1対生葉は広卵形で鋸歯が1，2対，暗い黄緑で白毛がある。③地際で分枝し，地をはって広がる。茎の毛も目立つ。④葉はツタの葉のように切れ込み，3脈が目立つ。全体に白く柔らかい毛があり，子葉は花期まで残る。⑤花は淡青紫色で筋がある。がく片の毛が目立つ。

＝…1mm　―…5mm　―…1cm　―…3cm

マツバウンラン

Nuttallanthus canadensis

科オオバコ科　原北アメリカ　内本州〜九州　芽9〜11月，3〜4月　花4〜5月
丈30〜60 cm

◎道ばたや芝地，畑にも生える。1940年代に侵入し，以後，分布が拡大中

①子葉は三角状卵形〜ひし形で先は円い。緑色で基部は赤紫色をおびる。②第1葉は対生，無毛。卵形〜だ円形。基部から走出枝を出して分枝する。③分枝の葉は広卵形の3輪生が多い。④分枝する越冬個体。葉は光沢があり，茎は赤紫色をおびる。⑤越冬後に，直立する花茎を出す。花茎の葉は線形で互生。全体無毛。⑥春に出芽した個体。分枝は少ないままに花茎を出す。⑦開花期。茎の先に紫色の花をまばらに穂状につける。⑧唇形花の下唇の白色部分は隆起する。⑨果実は球形。

オオバコ

Plantago asiatica

科オオバコ科　内全国　芽3〜10月　花5〜10月　丈10〜30 cm

●日当たりがよく，踏圧のある硬い土地に生える多年草

①子葉はへら形で少し厚みがあり無毛でなめらか，緑色。第1葉は狭卵形，柄は長く，主脈が明らか。②第2，3葉は狭卵形，3脈が見え，縁がわずかに波打つ。③第4〜5葉，幼葉は巻いて筒状に出る。④葉はすべて根生葉で放射状に地面に広がる。数本の脈が目立ち，縁が波打つ。⑤多数の花が密集した穂状花序となる。下から順に咲く。

ヘラオオバコ

Plantago lanceolata

科オオバコ科　原ヨーロッパ　内全国　芽4〜10月　花4〜8月　丈30〜70 cm

●草地や道ばた，空き地に生え，北日本に多い。江戸末期に帰化

①子葉は斜上し，線形で無毛，濃緑色，断面は半円柱形。第1葉は長だ円形，葉面，縁に長い毛がまばら。基部は赤褐色。②第2，3葉。平行脈がありくぼむ。基部に長い軟毛。③第4，5葉。葉の先端は鋭くとがり，上を向く。④越冬期，葉はすべて根生し，長いへら型で縁は波打つ。⑤花茎は長いが，花穂は短い。上部は雌性期，下部は雄性期。

…1mm　…5mm　…1cm　…3cm

ヤブジラミ

Torilis japonica

[科]セリ科　[内]全国　[芽]10～11月　[花]6～8月　[丈]30～80 cm

◎道ばたや林縁，藪などに生える。果実にはかぎ状の毛があり人や獣に付着し散布される

①子葉は線形，緑色，主脈が明瞭。第1葉は3出掌状複葉。②第2葉は第1葉と同形，葉の表裏，葉柄にまばらに短毛がある。③葉の表面は黄緑，葉柄は長い。④オヤブジラミと比べ小葉の先端が長く伸び，側小葉の柄が短い傾向がある。⑤枝先に白色の小さな花をつける。花序の枝は5～9本。⑥果実には先のとがった毛が密生する。

オヤブジラミ

Torilis scabra

[科]セリ科　[内]本州以南　[芽]10～11月　[花]4～5月　[丈]30～80 cm

◎道ばたや林縁などに生える。ヤブジラミより花期が早い

①子葉は披針形～線形，黄緑色で主脈，支脈が明らか。第1葉は3出掌状複葉。②第1，2葉。葉は明緑色，葉柄は長く，葉の表裏に白色の毛がある。③幼植物。葉柄が赤紫色をおびることが多い。④開花期。3回羽状複葉でヤブジラミと比べ葉がきめ細かな様子。⑤枝先に白色の小さな花をつける。花序の枝は2～5本。⑥果実には先のとがった毛が密生し，熟すと赤紫色をおびる。

クサイ

Juncus tenuis

科イグサ科　内全国　芽3〜10月　花6〜8月　丈20〜50 cm

●空き地，道ばたなど踏圧のある湿った土地に多い多年草

①子葉鞘は種皮をかぶる。第1葉は黄緑色で，先がとがる。②3葉期。葉は互生，狭線形で多肉質。③葉腋から分枝の葉を出した幼植物。葉は扁平で先端が褐色をおびる。④開花期。茎は直立して多数叢生し，濃緑色。花序はまばらに分枝し，苞は葉状で花序より長い。⑤花被は6枚。先がとがり，淡緑色。

スズメノヤリ

Luzula capitata

科イグサ科　内全国　芽9〜10月　花3〜5月　丈10〜25 cm

●日当たりのよい乾いた芝地や土手に多い多年草

①子葉鞘は地下にある。第1葉は先のとがる線形。②葉は互生。先端はかたく褐色をおびる。③葉腋から分枝の葉を出した幼植物。縁に長い白毛がある。④茎の先に赤褐色の小さな花が集まった丸い花穂がつく。⑤3個の柱頭を出した雌性期の花。この後，雄性期となる。

══…1mm　━…5mm　━…1cm　━…3cm

ニワゼキショウ

Sisyrinchium rosulatum

科アヤメ科　原北アメリカ　内全国　芽9～11月　花5～7月　丈10～20 cm

●明治期に移入。芝地，道ばた，空き地などに普通に生育する多年草

①子葉鞘は先に種皮をつけ，弯曲し，黄緑色。第1葉は扁平で線形，先がとがり，内側に少し曲がる。②第2，3葉も扁平な線形で剣状，基部は淡紫色。③全体無毛で葉の基部は茎を抱く。④越冬期。茎は扁平で，扇形に分枝する。⑤花被片は6枚。紫紅色と白色のタイプがある。

タカサゴユリ

Lilium formosanum

科ユリ科　原台湾　内関東～九州　芽9～11月，3～5月　花7～9月　丈60～150 cm

●観賞用に導入され，植え込みや空き地，道路法面などに野生化している多年草

①子葉は種皮をつけて地上に出る。②第1，2葉。葉は無柄，互生し，線形で無毛。③第3葉を抽出した幼植物。葉の表面は光沢がある。④越冬期。細長い葉を多数輪生状につける。⑤花被片は6枚。白色で先が大きく開いて反り返る。花冠は長さ15 cm，径約13 cm。

ネズミムギ（イタリアンライグラス） *Lolium multiflorum*

科イネ科　原ヨーロッパ　内全国　芽9～4月　花5～7月　丈40～150 cm

◎緑化資材として全国に導入され，路傍や土手に自生し，麦畑の害草

①第1，2葉。葉は線形で無毛。②3葉期。新葉は葉鞘の中で巻いている。葉身基部に葉耳があり，葉鞘は暗紫色をおびる。③分げつを始めた幼植物。葉の表面は平行脈が目立つ。④分げつ期。葉の裏面は光沢がある。⑤穂は分岐しない。小穂は10～20小花からなり，扁平。芒がある。

カラスムギ *Avena fatua*

科イネ科　原ヨーロッパ　内全国　芽9～4月　花4～6月　丈40～120 cm

◎土手や道ばた，畑地に生える。麦畑の害草。エンバクの祖先種とされる

①第1葉は広線形。先はとがらず，左（反時計）回りにねじれる。②3葉期。葉耳はなく，葉鞘や葉身の基部にまばらに白毛。葉舌は膜質で目立つ。③分げつを始めた幼植物。葉はやや幅の広い線形。④分げつした越冬個体。葉は白みをおびる。⑤穂はまばらに分岐し，大きな小穂をつけて垂れ下がり，小穂には長い芒がある。

…1mm　…5mm　…1cm　…3cm

スズメノカタビラ

Poa annua var. *annua*

科イネ科　内全国　芽10～11月，3～5月　花3～6月　丈5～30 cm

◎庭や道ばた，空き地，畑や冬の水田などに生える代表的なイネ科の冬生一年生雑草

①1葉期。葉身は先がとがり，断面はU字型。②3葉期。葉身は中央で2つに折れ曲がり，先端は舟形になる。葉鞘は扁平。全体無毛。葉舌は膜質で白色。③4葉期。葉は明るい緑色。④5～6葉になると分げつを始める。⑤茎は根元で分枝し，下部は曲がり，上部は斜上する。⑥出穂始め。葉鞘が赤みをおびることもある。⑦真冬と真夏以外，ほぼ1年中穂を出す。小穂は扁平で数個の小花からなる。ふつう淡緑色だが紫色をおびることもある。

オオスズメノカタビラ *Poa trivialis*

科イネ科　原ユーラシア温帯　内北海道～九州　芽9～11月　花4～6月　丈40～100 cm

■畦や道ばたに生え，畦畔では根茎で越夏する多年生，畑地では種子で更新する一年生となる

①3葉期。葉は無毛，2つ折りで扁平。葉鞘は赤紫色をおびる。②分げつする種子由来の越冬個体。葉身裏面はやや光沢があり，葉の先は舟形となる。葉鞘はざらつく。③細かく分岐した穂に2～4小花からなる小穂を多数つける。出穂はじめの穂は緑色。④開花，結実期には小穂は赤紫色になることが多い。

ナガハグサ（ケンタッキーブルーグラス） *Poa pratensis* var. *pratensis*

科イネ科　原ユーラシア温帯　内全国　芽9～10月　花5～6月　丈20～70 cm

■芝草としても広く利用され，道ばたなどに野生化。長い根茎がある多年草

①3葉期。葉は無毛，2つ折りで扁平。葉鞘は赤紫色をおびる。葉舌は短い。②4葉期。葉の先は舟形となる。③分げつする種子由来の越冬個体。④花序はほぼ直立か傾き，長さ3～20 cm。各節から3～6本の枝を出す。

…1mm　…5mm　…1cm　…3cm

スズメノテッポウ

Alopecurus aequalis

科イネ科　内全国　芽10～11月，3～4月　花3～5月　丈20～40 cm

◎庭や道ばた，空き地，畑や冬の水田と，イネ科の代表的な冬生一年生雑草。やや湿ったところに多い

①1葉期。葉身は線状で先がとがる。②2葉期。葉鞘は紫紅色～茶褐色。新葉は巻いて出る。③3～4葉期。第1，2葉から分げつ葉が出ている。葉舌は膜質（円内）。葉耳はない。④全体無毛，葉はねじれず，先端は垂れる。ややくすんだ緑色。⑤分げつを増やした越冬個体。⑥穂は直立し，円柱状で淡緑色。葯はオレンジ色。⑦セトガヤ（p. 111上段）の穂。円柱状で，スズメノテッポウに比べて小穂が大きく，芒が長く，葯が白い。

セトガヤ

Alopecurus japonicus

科イネ科　内関東以西〜九州　芽10〜11月　花3〜5月　丈30〜60 cm

◎西日本の冬の水田に多い。スズメノテッポウより大型

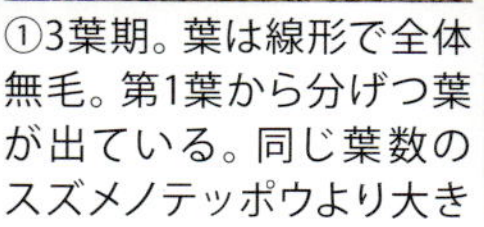

①3葉期。葉は線形で全体無毛。第1葉から分げつ葉が出ている。同じ葉数のスズメノテッポウより大きい。②越冬個体。スズメノテッポウと比べ分げつは少なく，直立する傾向がある。③出穂個体。茎は直立し，葉は白っぽい緑色。穂はp.110⑦。

カズノコグサ

Beckmannia syzigachne

科イネ科　内北海道〜九州　芽10〜11月，3〜4月　花4〜6月　丈30〜90 cm

●冬の水田など湿った土地に多い。西日本では麦畑の害草

①3葉期。葉は線形で全体無毛。第1葉から分げつ葉が出ている。②スズメノテッポウと比べ葉は明るい緑色。③分げつする越冬個体。上部の葉はスズメノテッポウと比べやや幅広くやわらかい。④穂は直立し，短い枝を左右2列に出し，淡緑色の小穂を多数密につける。冷涼な湿地では株で越夏する。

＝…1mm　—…5mm　—…1cm　—…3cm

*②巻収録の類似種　カモジグサ（p. 121）

ナギナタガヤ

Vulpia myuros

科イネ科　原ヨーロッパ　内本州〜九州　芽9〜11月, 3〜4月　花5〜7月　丈10〜70 cm

◎明治期に移入，畦や道ばたに定着。夏に枯死して倒れた植物体が地面を覆う

①2葉期。葉身は非常に細く，内側に巻いて糸状に出る。②3葉期。第1，2葉の葉腋から分げつ葉が出る。③分げつする越冬個体。全体無毛でなめらか。葉鞘が赤褐色をおびることがある。④穂は長さ約20 cm，長い芒をもつ細い小穂を多数，1方向に向け密につける。

アオカモジグサ*

Elymus racemifer var. *racemifer*

科イネ科　内全国　芽10〜11月　花5〜7月　丈40〜100 cm

●路傍，土手などの草地に生え，近縁のカモジグサに比べ，乾いた土地に多い

①第1葉は線形で無毛，先端はとがり，質は硬く，垂れない。②3葉期。葉鞘は赤紫色をおび，葉鞘縁，葉身縁ともに短毛がある。葉耳は爪状の小突起となる。③分げつする越冬個体。茎葉は淡緑色。④穂は淡緑色〜緑色，弓形に曲がって先が垂れる。乾燥すると芒が外側に反り返る。

イヌムギ＊＊

Bromus catharticus

科イネ科　原南アメリカ　内全国　芽9～11月　花5～7月　丈40～100 cm

●道ばたや畦，空き地に多い。明治期に移入され，全国に逸出・定着

①1，2葉期，葉身は線形で先がとがる。②3葉期。葉身裏面の基部，葉鞘とも白毛を密生。葉鞘は白緑色で脈が目立つ。③分げつする越冬個体。葉は広線形，硬く，背面は竜骨となる。④円錐状の花序に緑色で大型の小穂をまばらにつける。小穂は扁平で硬い。

スズメノチャヒキ＊＊

Bromus japonicus

科イネ科　原ユーラシア　内北海道～九州　芽9～11月　花5～7月　丈30～70 cm

◎道ばた，土手などに生える一年草。北アメリカにも帰化

①第1葉は線形，紫色をおびる。垂直に伸び，白毛がある。第2葉が出ると第1葉は次第に開く。②3葉期。葉身両面，葉鞘に白毛。③分げつする越冬個体。全体に軟毛が多く，葉は扁平で線形。④円錐花序は片方に傾き，まばらに小穂をつける。

…1 mm　…5 mm　…1 cm　…3 cm

コバンソウ *Briza maxima*

科イネ科　原ヨーロッパ　内本州〜九州　芽10〜11月　花5〜6月　丈20〜60 cm

◎観賞用に導入，ドライフラワーとして利用。道ばた，砂地などに野生化

①第1，2葉は線形で先がややとがり，黄緑色。葉身，葉鞘とも無毛。②3葉期。葉身は扁平でねじれる。葉基部は斜めに桿をとりまく。③分げつする越冬個体。葉鞘が紫色をおびる。④小穂は垂れる。卵形〜だ円形，始め黄緑色で，熟すと黄褐色となる。

ヒメコバンソウ *Briza minor*

科イネ科　原ヨーロッパ　内本州以南　芽10〜11月　花5〜6月　丈10〜50 cm

◎コバンソウと同く帰化種。道ばたなど乾いた明るい草地に生える

①第1，2葉は線形で直立，先がとがり，黄緑色。葉身，葉鞘とも無毛。②3葉期。葉鞘の縁は膜質で，葉基部は斜めに桿をとりまく。③出穂前。基部がややほふくし，茎は直立。葉は線状披針形で柔らかい。④コバンソウと同じつくりの小型で淡緑色の小穂を多数まばらにつける。

カモガヤ（オーチャードグラス） *Dactylis glomerata*

科イネ科　原ユーラシア温帯　内北海道〜九州　芽10〜11月　花5〜7月　丈40〜120 cm

●牧草。逸出して道ばたや土手に自生する多年草。花粉症の原因ともなる

①第1，2葉。葉身は2つ折りで出る。先は鋭くとがる。②3葉期。葉身，葉鞘とも扁平で，竜骨となる。③分げつする越冬個体。葉は白っぽい緑色で無毛。④花序の各節に1個ずつ，長い柄の先に扁平な小穂のかたまりをつける。花序全体が白っぽく見える。

ハルガヤ *Anthoxanthum odoratum* subsp. *odoratum*

科イネ科　原ヨーロッパ　内北海道〜九州　芽10〜11月　花5〜7月　丈30〜70 cm

●牧草として導入され，北日本中心に野生化した多年草。クマリンの芳香がする

①第1，2葉。新葉は垂直に出て，のち斜めになる。②3葉期。第1，2葉の葉腋から分げつ葉が出ている。葉の基部の縁にのみ長毛がある。③分げつした越冬個体。葉身は線形で柔らかい。④円錐形の花序に光沢のある小穂を密につける。長い柱頭が小穂の外に出る。

═…1mm　━…5mm　━…1cm　━…3cm

種名索引

サ行

タ行

※細字は②巻収録の種

科別索引

※細字は②巻収録の種

※細字は②巻収録の種

■主な参考文献

▶浅野貞夫（2005）『新装版原色図鑑：芽ばえとたね—植物3態/芽ばえ・種子・成植物』全国農村教育協会

▶伊藤一幸・嶺田拓也 編（2009）『田んぼの草花指標』農と自然の研究所

▶長田武正（1993）『増補日本イネ科植物図譜』平凡社

▶笠原安夫（1968）『日本雑草図説』養賢堂

▶神奈川県植物誌調査会 編（2001）『神奈川県植物誌』神奈川県立生命の星・地球博物館

▶神奈川県植物誌調査会 編（2018）『神奈川県植物誌2018』神奈川県植物誌調査会

▶桑原義晴（2008）『日本イネ科植物図譜』全国農村教育協会

▶木場英久・茨木靖・勝山輝男（2011）『イネ科ハンドブック』文一総合出版

▶近田文弘・清水建美・濱崎恭美（2006）『帰化植物を楽しむ』トンボ出版

▶近田文弘 監修（2010）『花と葉で見わける野草』小学館

▶清水建美（2001）『図説植物用語事典』八坂書房

▶清水建美 編（2003）『日本の帰化植物』平凡社

▶清水矩宏・森田弘彦・廣田伸七（2001）『日本帰化植物写真図鑑』全国農村教育協会

▶ニューカントリー編集部（2009）『北海道の耕地雑草：見分け方と防除法』北海道協同組合通信社

▶沼田真・吉沢長人 編（1975）『新版 日本原色雑草図鑑』全国農村教育協会

▶林弥栄 監修（1989）『野に咲く花』山と渓谷社

▶米倉浩治 著（2019）『新維管束植物分類表』北隆館

▶米倉浩司・梶田忠（2003-）BG Plants 和名ー学名インデックス（YList）
http://ylist.info

▶四季の里地里山植物
http://members3.jcom.home.ne.jp/u-plant2/

▶国立環境研究所　侵入生物データベース
http://www.nies.go.jp/biodiversity/invasive/

※細字は②巻収録の種

あとがき

著者は大学時代から20年以上，雑草の調査をしてきました。自分が調査する土地に生えてくる雑草すべてについて，どんなステージでも，葉1枚からでも見分けて，そしてそれを農家や研究室の仲間に説明できる，ことを研究生活の始めに目指しました。

その後幸いにも，農業雑草の防除に関係する職を得ることができました。農業現場に近い方々に向けての観察会や講習などで，雑草の見分け方を教える機会を何度もいただきました。雑草防除の現場では花が咲くまで識別を待ってはいられません。芽生えを見つけたその場で，厄介な害のある種類とそうでない種類を見分ける必要があります。調べる目的によって，さまざまな植物の図鑑のうち，どれが相応しいのかを解説したり，実際にたくさんの種類の芽生えを育ててその違いを説明したりしてきました。そんな中ですぐに，草の芽生えを調べるための図鑑がないことに気づきました。芽生えが載っている図鑑は少なく，それも分厚く重いか，限られた種類しか載っていないのです。いつも目にしているはずの，目の敵にしている草が芽生えでわかる，野外に手軽に持ち歩けるサイズの図鑑があれば，と常々感じ，写真を撮りためてきました。

この本は著者がまさに“こんな図鑑がほしかった”と長年考えていたものです。構想や編集の過程では，これまで一緒に雑草に関わってきた多くの仲間に助言や励ましをいただきました。本書を作ることに理解いただき，そして期待以上に仕上げていただいた文一総合出版の菊地千尋さんに御礼申し上げます。

執筆者紹介■ **浅井元朗**（あさいもとあき）

1966年，宮城県石巻市生まれ。京都大学博士課程修了。農学博士，技術士（農業，植物保護）。農業・食品産業技術総合研究機構。著書は『農業と雑草の生態学 侵入植物から遺伝子組換え作物まで』（責任編集・分担執筆），『身近な雑草の芽生えハンドブック2』（以上，文一総合出版），『原色　雑草診断・防除事典』（共編著，農山漁村文化協会），『植調 雑草大鑑』（全国農村教育協会）。twitter：https://twitter.com/@asaimotoaki